Open Web Platform

Cesar Cusin
Clécio Bachini
Fábio Flatschart

Open Web
Platform

Copyright© 2013 por Brasport Livros e Multimídia Ltda.
Todos os direitos reservados. Nenhuma parte deste livro poderá ser reproduzida, sob qualquer meio, especialmente em fotocópia (xerox), sem a permissão, por escrito, da Editora.

Editor: Sergio Martins de Oliveira
Diretora: Rosa Maria Oliveira de Queiroz
Gerente de Produção Editorial: Marina dos Anjos Martins de Oliveira
Revisão de Texto: Mell Siciliano
Projeto Gráfico: Thais Souza
Editoração Eletrônica: Michelle Paula
Capa: Paulo Vermelho
Ilustração da Capa: Leandro Leonardo da Silva

Técnica e muita atenção foram empregadas na produção deste livro. Porém, erros de digitação e/ou impressão podem ocorrer. Qualquer dúvida, inclusive de conceito, solicitamos enviar mensagem para **brasport@brasport.com.br**, para que nossa equipe, juntamente com o autor, possa esclarecer. A Brasport e o(s) autor(es) não assumem qualquer responsabilidade por eventuais danos ou perdas a pessoas ou bens, originados do uso deste livro.

C984o Cusin, Cesar
　　　　Open Web Platform / Cesar Cusin, Clécio Bachini, Fábio Flatschart - Rio de Janeiro: Brasport, 2013.

ISBN: 978-85-7452-607-2

1. Open Web Platform 2. Web 3. HTML I. Cesar Cusin II. Clécio Bachini III. Fábio Flatschart IV. Título

CDD: 006.7

Ficha Catalográfica elaborada por bibliotecário – CRB7 6355

BRASPORT Livros e Multimídia Ltda.
site: www.brasport.com.br
Rua Pardal Mallet, 23 – Tijuca
20270-280 Rio de Janeiro-RJ
Tels. Fax: (21) 2568.1415/2568.1507
e-mails: **brasport@brasport.com.br**
　　　　　vendas@brasport.com.br
　　　　　editorial@brasport.com.br

site:　　**www.brasport.com.br**

Filial SP
Av. Paulista, 807 – conj. 915
01311-100 São Paulo-SP
Tel. Fax (11): 3287.1752
e-mail: **filialsp@brasport.com.br**

DEDICATÓRIAS

Dedico este livro a minha família, em especial a minha esposa e filhos.

– Cesar Cusin

A Débora, que me tornou o que sou. A Isa, por me ensinar tanto. À minha mãe, por ter orgulho de eu ser professor. Ao meu pai, que me contou histórias, viveu a história e viu do gramofone ao smartphone.

– Clécio Bachini

A Edivania e Arthur, pelo carinho, pela paciência e por fazerem valer a pena a batalha de cada novo dia. Aos meus pais, por colocarem os livros perto de mim desde cedo.

– Fábio Flatschart

AGRADECIMENTOS

Muitas pessoas fizeram parte da idealização e produção deste livro, pequenas marcas de cada uma delas certamente estão incrustadas nas entrelinhas que compõem este projeto.

Agradecemos ao Sérgio Oliveira, que mais uma vez acreditou nas nossas ideias e teve a paciência necessária para aguardar a gênese e o demorado amadurecimento deste livro. A Rosa, a Marina, e a toda a equipe da Brasport (RJ e SP).

Devido à especificidade do tema abordado e à nossa proximidade profissional e pessoal com o escritório do W3C Brasil em São Paulo, pudemos contar com a ajuda, o apoio e a torcida dos amigos e profissionais daquela casa: a Vagner Diniz e Reinaldo Ferraz os nossos sinceros agradecimentos.

Ao amigo e mestre Carlinhos Cecconi, por ser a amálgama que uniu estes autores e por gentilmente aceitar o convite para abrir o livro com seu prefácio.

No decorrer de um novo projeto novos laços são atados e outros são reforçados. Com a equipe do portal iMasters foi exatamente isso que aconteceu. Alguns textos e abordagens deste livro apareceram primeiramente na forma de *insights* e artigos publicados pelo iMasters. Nossos agradecimentos a Tiago Baeta, Alexandre Borba, Rina Noronha, Cida Freire e Edu Agni.

Um agradecimento especial aos "colunistas" convidados que antes de lerem uma única linha sequer do nosso projeto acreditaram na sua relevância e prontamente aceitaram o convite para colaborar com seus depoimentos e experiências: Alexandre Borba, Edu Agni, Fernando Martin Figuera, Horácio Soares, Iara Pierro de Camargo, José Fernando Tavares, Núbia Souza, Reinaldo Ferraz e Zêno Rocha.

A Thais Souza, pela ajuda com o projeto gráfico.

SOBRE OS AUTORES

Cesar Cusin
www.cusin.com.br

Técnico em Processamento de Dados (1995), graduado em Letras pelas Faculdades Integradas de Itararé (2001), Mestre em Ciência da Computação pelo Centro Universitário Eurípides de Marília (UNIVEM) (2005) e Doutor em Ciência da Informação pela Universidade Estadual Paulista Júlio de Mesquita Filho (UNESP) (2010).

Professor e Coordenador de Pesquisa do Curso de Sistemas de Informação da Faculdade Paraíso (FAPCE). Membro do Grupo de Pesquisa – Novas Tecnologias em Informação da UNESP. Consultor *ad hoc* de *business intelligence* da Soyuz Sistemas, de Ciência da Informação e Semântica da Seofish e de Acessibilidade do Instituto Döll de Tecnologia e Educação (IDTE).

Atua como professor visitante em cursos de Pós-Graduação. Possui experiência e publicações nas áreas de Ciência da Informação e Ciência da Computação, atuando principalmente com arquitetura da informação, desenvolvimento/acessibilidade web, gestão da informação e *business intelligence*. É membro do Grupo de Trabalho sobre Acessibilidade Digital do W3C Escritório Brasil.

Clécio Bachini
www.bachini.com.br

Evangelista e entusiasta da Open Web Platform. Pioneiro na implantação de soluções em HTML5 no Brasil. Colaborador do W3C e do iMasters.

Técnico em Eletrônica pela ETE Getúlio Vargas (onde aprendeu tudo o que vale a pena) e Bacharel em Ciência da Computação pela Universidade São Judas Tadeu. Estudou história na Universidade de São Paulo, mas deixou o curso antes que deixasse de gostar de história.

Palestrou no lançamento do Windows 8 a convite da Microsoft e em eventos como a Conferência Web W3C Brasil, Frontin Sampa, Frontin Curitiba, Frontin Londrina, Frontin Maringá, Frontin Interior, Road Show TI Senac São Paulo, SESC, FATEC-SP, 7Masters iMasters, Intercom iMasters, Unicsul, WebExpo Forum, Conip/W3C, entre outros.

Coordenou desenvolvimento de soluções para W3C Brasil, Nic.br, Editora Moderna, Uno Internacional, Vivo, Unidas, Modulo Security, Janssen-Cilag, inVentiv Health Canada, Brocco, Biz2.be, Seofish, entre muitos outros.

Foi professor do Centro Paula Souza entre 2008 e 2011 ministrando aulas de Linux, Redes e Web Standards para os alunos do ensino técnico na COHAB II, em Itaquera. Lá aprendeu muito mais do que ensinou.

Membro do Grupo de Trabalho sobre Acessibilidade Digital do W3C Escritório Brasil. É orgulhosamente um filho de Sapopemba.

Fábio Flatschart
www.flatschart.com

Formado pela Escola de Comunicação e Artes da ECA-USP, possui especialização em Criação Visual e Multimídia e MBA em Marketing pela FGV.

Na Soyuz Sistemas, participou do desenvolvimento de projetos pioneiros nas áreas de Open Web Platform e Marketing Semântico no Brasil. À frente da Flatschart Consultoria Ltda. implantou programas de capacitação e consultoria para grandes empresas como Editora Moderna, Senac, Adobe Systems Brasil e Editora Pearson.

Autor do livro **HTML5 – Embarque Imediato**, uma das primeiras publicações em português desta temática, também publicada pela Brasport, e de outras publicações que são referência na área de tecnologia da informação.

No Senac participou das equipes responsáveis pelo desenvolvimento de dezenas de cursos livres, técnicos, de graduação e de pós-graduação para o portfólio das áreas de Internet e Computação Gráfica da Gerência de Desenvolvimento (GD2).

É colunista do portal iMasters e colaborador de artigos e entrevistas para veículos como Portal G1 e IBM DeveloperWorks. Suas palestras e conferências marcam importantes eventos como Futurecom, CampusParty, Conferência Web W3C e Digital Road Show do Senac-SP.

Professor convidado dos mais importantes cursos de MBA do Brasil (FGV, FIA, Trevisan) e entusiasta do livro digital.

APRESENTAÇÃO

Para quem é este livro?

Para pessoas que desejam ampliar sua compreensão do funcionamento e do papel da web nas suas relações pessoais e profissionais.

Para pessoas que têm sob sua responsabilidade a gestão de aplicações, sistemas, modelos de negócios, produtos e serviços que migraram, migram ou migrarão em breve para o novo ecossistema midiático da Open Web Platform.

Para pessoas que acreditam que as tecnologias estão a serviço da construção de um futuro baseado em soluções abertas e colaborativas.

Para pessoas que enxergam a tecnologia como um meio e não como um fim.

Para pessoas visionárias e empreendedoras.

Este é um livro para pessoas.

Como este livro é organizado?
— Fábio Flatschart

Este livro é fruto de um trabalho coletivo e multidisciplinar. Nele estão as ideias de uma web aberta e ubíqua. Muito deste material nasceu formalmente de palestras, aulas, teses, cursos e artigos para instituições de todo o Brasil, mas outra parte é composta de tergiversações pessoais e metáforas que formam o caldo primordial de alguns anos de convivência e amizade.

A seção inicial, chamada **Uma Nova Era,** é uma obra a seis mãos. Ali colocamos e abordamos as informações que consideramos fundamentais para a compreensão do universo da Open Web Platform. É uma introdução a este novo ecossistema midiático e tecnológico. Apesar de resgatar tópicos e nomenclaturas consolidadas, esta seção também é um convite à prática (moderada) da futurologia ☺.

As duas próximas seções, **Semântica** e **Comunicação e Mídia**, são minhas. Gosto de fazer pontes com as origens; gosto de resgatar a essência do conhecimento; busco mostrar que nada surge como uma tábua rasa e que a construção dos significados e sua distribuição nos suportes analógicos ou digitais são frutos do conhecimento acumulado de gerações que culminou em uma plataforma jamais imaginada, a Open Web Platform.

Cesar Cusin é um cientista meticuloso e investigativo, Doutor em Ciência da Informação. É capaz de se dedicar com o mesmo zelo para construir um sistema de dados para uma farmácia de uma pequena cidade do interior paulista ou para uma complexa aplicação B2B que envolve vultosos investimentos. São dele as seções **Acessibilidade** e **Do Banco de Dados ao Big Data**.

A seção final, **As Sete Faces da Web**, é do Clécio Bachini. Quebrando alguns preceitos arcaicos da prática de desenvolvedores, gestores e designers, aqui são apresentadas situações reais de uso de todo o discurso estruturado nas seções anteriores. Não são elucubrações teóricas; são experimentos, ideias e projetos reais cujas possibilidades de aplicação são imediatas.

Permeando todo o conteúdo temos os depoimentos e a contribuição de profissionais que direta ou indiretamente fazem parte do universo da Open Web Platform. São desenvolvedores, designers, professores, editores e empresários que compartilham e apoiam uma web aberta e colaborativa. Não são apenas correligionários – são parceiros, são amigos: Alexandre (Alê) Borba, Edu Agni, Fernando Martin Figuera, Horácio Soares, Iara Pierro de Camargo, José Fernando Tavares, Núbia Souza, Reinaldo Ferraz e Zêno Rocha.

Este livro teve sua centelha inicial disparada em 2010 por uma das figuras mais representativas da história da web brasileira, Carlinhos Cecconi. Foi Carlinhos que arregimentou o antes improvável encontro dos autores que hoje organizam este livro. É dele o **Prefácio** desta obra, uma honra e uma enorme responsabilidade para nós!

www.openwebplatform.com.br

O que você não vai encontrar neste livro

Este livro não é uma "receita de bolo", mas tem a humilde e honesta pretensão de sugerir novos cenários e novas possibilidades.

Este livro não ensina a "fazer coisas", mas convida o leitor a refletir sobre como as coisas foram feitas no passado, como elas estão sendo feitas no presente e como elas poderão ser feitas no futuro.

Este livro não é profético, não toma para si o direto de prever o futuro, mas convida o leitor a fazê-lo.

Este livro não tem uma seção chamada "Dicas de como ganhar dinheiro na internet", mas aponta caminhos para modelos de negócios sustentáveis, eficazes e eficientes.

Este livro não exibe gráficos complexos gerados por planilhas nem monta fluxogramas de modelos abstratos. Ele conta histórias e as comenta.

PREFÁCIO

Vínculos

Há um bom tempo venho meditando sobre vínculos.
Vínculos e caminhos. Vínculos que estabeleço nos
meus caminhos. Caminhos que se abrem a partir de
novos vínculos. Nem podia ser diferente...

Eu trabalho com vínculos. Vínculos e caminhos. Tim
Berners-Lee, seu criador, definiu a web como um sistema de *hiperlinks*. Ainda que muitos pensem e teo-
rizem sobre a web e ainda que muito se descubra de
novas possibilidades em redes virtuais, sociais, neu-
rais, tecnológicas, galácticas, todos concordam com
ele: trabalhamos com um sistema de *hiperlinks*. Um
sistema de vínculos. E tudo só funciona porque temos *hiperlinks*.

Manter vínculos é tarefa importante na internet. Há
mesmo um chamamento para persistirmos os vínculos na web. Imagine a loucura que seria um amontoado de URIs sem vínculos, ou de vínculos quebrados porque um desenvolvedor de sistemas inventou
(sabe-se lá por quê) um CMS (*Content Management
System* – Sistema de Gerenciamento de Conteúdo,
em português) que mudasse os nomes e objetos com
tanta facilidade que aquela página que atendia, por
exemplo, na URL:

W3C URI Persistence
Policy
http://goo.gl/mMJFV

<http://dominio.br/dir/F3BqLDPT7sTQrpumiroKtlmo
XL4WLYc-J5Kbo1r_hKY.htm>

de repente passasse a ser encontrada na URL:

<http://dominio.br/dir2/6NKG6uCCO6uP5qb5xtUUyl
947xu31wCfWXLH93kj0Ho.html>

Coisa de louco. Não precisamos designar páginas e caminhos com tanta falta de criatividade. Seria muito melhor algo como:

<http://dominio.br/quem_somos/assessoria.html>

Mas o significado para mim, somados todos os caminhos percorridos para até aqui chegar, é que só consegui chegar por conta e amor dos meus vínculos. Meus vínculos me trouxeram aqui. Nestes meus caminhos, tudo o que realizei, amei, pensei, trabalhei, chorei, sorri, sofri, caí, levantei, prossegui, errei, desculpei, ajudei, orei, aprendi: vínculos. Eu sou absolutamente interdependente dos meus vínculos! E seguindo pelos caminhos encontro pessoas que me permitem ser como sou, ou melhor, que me fazem ser melhor do que sou e me convidam a manter vínculos em laços de afetos e amizades.

Assim foi com os autores deste livro que nos chega em tão boa oportunidade. Na verdade eu fui um dos responsáveis por vinculá-los nessa produtiva amizade. Começou há alguns anos, quando eu integrava a equipe do Escritório Brasileiro do W3C, hospedado pelo Comitê Gestor da internet no Brasil – CGI.br. Na ocasião promovemos o primeiro *workshop* para debater as novidades introduzidas no HTML5 e convidamos para essa conversa desenvolvedores e pesquisadores brasileiros interessados em desbravar a semântica das novas *tags*. Foi, portanto, conversando sobre a web e sua linguagem que eles se conheceram. Melhor, que nos conhecemos presencialmente.

Decálogo da Web Brasileira
http://www.w3c.br/decalogo

Não foi por eu ter promovido o encontro que eles me convidaram para este singelo prefácio. Foi pelos vínculos que ganhamos e mantivemos em outras tantas atividades que compartilhamos. E pela simpática defesa da web aberta e universal. Uma web para todos é também uma web de todos, expressa e mantida na universalidade e diversidade de sua plataforma Open Web. A plataforma de um sistema de vínculos.

Este livro, resultado de vínculos, é um convite à reflexão para que "alcancemos consensos em torno de princípios e diretrizes para mantermos a web como uma plataforma aberta e universal". É um convite a criarmos e persistirmos nos vínculos.

Antes que alguém me alerte o esquecimento, digo que, sim, eu sei que na vida, e não apenas na web, vínculos rompidos não me permitem encontros. Há ainda muitos *hiperlinks* quebrados a cotidianamente me lembrar. Sei também que resgatá-los exige grande esforço e paciência para aprender que vínculos entrelaçados no firme propósito da amizade, no sincero sentimento do expressar-se verdadeiro na defesa de princípios universais, no persistir em passos e caminhos juntos, estes vínculos assim entrelaçados não se desfazem.

Mesmo quando pensamentos diferentes ainda não chegaram ao consenso possível. E que me faz sempre lembrar: somos muito mais do que essa imensidão que é a web global e suas aplicações. Somos elos. Somos vínculos.

Assim me junto ao Cesar Cusin, ao Clécio Bachini e ao Fábio Flatschart, "hiperlinkando-nos" numa mesma edição.

Boa leitura!

Carlinhos Cecconi

Carlinhos Cecconi é bibliotecário. Coordena a assessoria técnica na Secretaria Executiva do Comitê Gestor da internet no Brasil (CGI.br). Foi analista de projetos do W3C Escritório Brasil e chefe de gabinete do Instituto Nacional de Tecnologia da Informação (ITI), quando também secretariou o Comitê Técnico de Implementação do Software Livre e o 1º Planejamento Estratégico de Implementação de Software Livre na Administração Pública Federal. Carlinhos Cecconi cria vínculos não apenas por e-mail, não apenas pela web.

SUMÁRIO

1 | UMA NOVA ERA

3 | Por que Open Web Platform?

7 | Comunidades open source e colaboração

9 | Os profissionais mais sortudos do mundo

11 | Web não é internet, web é interface

13 | Ensinando androides a pensar

16 | A internet, a web e o World Wide Web Consortium (W3C)

21 | HTML: do 1 ao 5 fazendo seu browser mais feliz

25 | As cidades e a Open Web

30 | O usuário é o rei!

35 | SEMÂNTICA

37 | De muitos para muitos

39 | Garimpando os petabytes da informação

42 | Conhecimento e coletividade

XXII

45 | A web e o macaco infinito

48 | A resposta semântica

51 | A importância dos significados na era da busca

54 | Signo, significante e significado na web

58 | O que é semântica?

60 | Web semântica

71 | Wikipédia na academia? Pesquisa e ensino na era da Open Web

76 | Social Interface & Open Web

77 | Semântica e SEO

79 | **COMUNICAÇÃO E MÍDIA**

81 | Luditas e gurus

83 | (Hiper)Texto

87 | Imagem

89 | Direção de arte

92 | Áudio

99 | Vídeo

102 | Multimídia

XXIII

111 | Livros digitais & formatos abertos

113 | **ACESSIBILIDADE**

115 | Por que acessibilidade?

117 | Acessibilidade web

118 | Acessibilidade no contexto do World Wide Web Consortium (W3C)

121 | Informação

122 | Conteúdo informacional

124 | Competência informacional

125 | A web para todos

127 | Acessibilidade para todos

131 | **DO BANCO DE DADOS AO BIG DATA**

133 | Big Data

134 | Escalabilidade

136 | Os 3 "Vs" do Big Data

137 | A importância da semântica

XXIV

139 | AS SETE FACES DA OPEN WEB PLATFORM

142 | Web de documentos/Web síncrona

143 | Web de dados/Ajax/Web assíncrona

145 | Web de aplicações offline

146 | Web de aplicações online/assíncrona

147 | Aplicativos híbridos direcionados a documentos

148 | Aplicativos híbridos assíncronos

149 | Aplicações web nativas

151 | BIBLIOGRAFIA

153 | CRÉDITOS DAS IMAGENS

157 | ÍNDICE REMISSIVO

UMA NOVA ERA

I've seen the future. It's in my browser.
Eu vi o futuro. Ele está no meu navegador.

Por que Open Web Platform?
– Clécio Bachini

Está surgindo uma nova era, e poucos ainda se manifestaram sobre ela. É a era da Plataforma Aberta da Web. Mais do que o rótulo de HTML5, as tecnologias ligadas à web vão sofrer uma revolução com os novos recursos agregadores de mídias, armazenamento e transmissão de dados. O mecanismo que hoje chamamos de *browser* vai se tornar a grande máquina virtual, que estará em todos os dispositivos.

Sei que você pode imaginar que o tablet é realmente a grande revolução da mobilidade. Mas ele está longe, mas muito longe do que nós, eu e meus amigos e professores do colégio técnico em eletrônica, prevíamos nos anos 90. Longínquos anos 90! Lá já falávamos de folhas de papel *touch screen* com sistemas em nuvens. Portanto, estamos ainda na pré-história.

Não pense em dispositivos. Os dispositivos, como imaginamos hoje, serão uma piada. A web estará em tudo. Nas roupas, nos livros, nas paredes, nas tintas, nas lâmpadas. E por que a web, e não Java ou Python ou Ruby ou Linguagem C? Porque a web é a maneira mais inteligente e humana de criar interfaces! A web, quase por acaso, se tornou o meio mais simples e rico de transmitir e interagir com a informação.

Isso acontece pela maneira como as tecnologias web são construídas. Explico – temos camadas: a grande camada semântica e estrutural (HTML); a camada de estilo, beleza, decoração e agora animação (CSS); e a camada de interatividade, a cola que faz a web rica: o *JavaScript* ou ECMAScript. Cada uma dessas camadas deve funcionar e ser construída de maneira independente, permitindo que a riqueza da experiência não seja destruída por uma intervenção em alguma das camadas.

A camada HTML permite que objetos sejam criados de uma maneira muito peculiar: eu posso explicar o sentido de cada objeto, para que alguém com uma cultura diferente possa tentar entender. Esse alguém pode ser um ser humano ou uma máquina.

No caso de um ser humano, eu posso explicar detalhadamente o que estou tentando mostrar naquela interface. Por exemplo, explicar a um deficiente visual que a minha página ensina crianças a criar jogos com blocos de montar. Isso torna essa estrutura rica e fascinante. Indo além, meu código pode ser entendido por alguma máquina. Assim, poderia desenvolver um robô que compreenda o sentido da minha página e faça conexões com outras páginas, para criar um resultado completamente diferente, que talvez nenhum ser humano fosse capaz de notar. A isto chamamos semântica. E o HTML é uma forma espetacular de fazer códigos que façam sentido para os seres humanos e as máquinas.

Depois da semântica criada, podemos dar forma e estilo. Isso fazemos com uma tecnologia chamada CSS. E esta linguagem é distinta do HTML, mas não menos genial. Ela permite que uma mesma estrutura possa ter uma aparência diferente de acordo com diversos fatores, até mesmo a vontade do ser humano responsável. Assim, com essa independência, eu posso dar formas visuais diferentes a um mesmo código, sugerindo diversas experiências sem interferir ou destruir a semântica original.

Por fim, a cola. O *JavaScript* (ECMA) é o que permite ações e reações relacionadas às duas camadas anteriores. Ele é a eletricidade. Ele ouve e fala.

Ele é a alma (do latim "o que anima") da Open Web Platform. Vejamos: o HTML e o CSS são apenas um retrato inicial da sua interface. Sim, uma fotografia do que o projetista da interface quis como inicio. Mas só como início. O *JavaScript* permite modificar os objetos HTML e seu estilo CSS, assim podemos criar e modificar livremente conteúdo em tempo real. Podemos ouvir um evento, como um clique, e a partir disso criar um texto dentro de uma caixa. Podemos mudar a cor, podemos animar e arrastar. Podemos praticamente tudo ☺.

Pense que os objetos do HTML são como aquelas bonecas russas, umas aninhadas dentro das outras. Um objeto pai pode conter inúmeros objetos filhos. Assim, porque estamos lidando com objetos, podemos dizer que se trata de um Modelo de Documentos em Objetos (em inglês a sigla é DOM). E se temos pai e filho, temos herança.

Entenda a herança como se pegássemos a boneca russa e a mudássemos de lugar. Todas as bonecas que estão dentro se movem juntas. Assim acontece com os objetos em Open Web. E isto cria uma maneira muito simples de construir interfaces. Eu crio um bloco semântico que contém alguns objetos relacionados.

Figura 1. Bonecas russas

Certo? Introduzidos o HTML e a Open Web, por que eles são revolucionários?

Porque a web vai ser a máquina virtual universal. O sonho que o Java tinha, a web vai concretizar.

A web já roda em praticamente todos os dispositivos microprocessados. E vai rodar em tudo mesmo. O motor que toca o HTML nos *browsers* vai estar presente em todos os lugares. O processamento, com a internet de alta velocidade, não vai ser local, mas remoto. Em um futuro muito próximo, folhas de papel, plásticos, tecidos revestidos de grafeno terão capacidade de se tornar dispositivos inteligentes, conectados em rede. Ou seja, qualquer objeto vai ser um computador em potencial – barato e descartável. Nesse dispositivo, apostamos, rodará web.

Porque web é simples e fácil de fazer. É fácil de aprender e ensinar. É de graça e universal. A web é poderosa, e sua semântica, quando usada com sabedoria, é abrangente e poética. E agora, com a inclusão de suporte a áudio, vídeo, animação e 3D avançados, não há motivo lógico para usar outra interface. As outras linguagens não vão morrer. Muito pelo contrário, vão ter um vida longa e próspera rodando no lado dos servidores, mas produzindo Open Web.

6

Daqui a dez anos o metrô vai parar na estação e toda a sua superfície vai estar coberta com um adesivo de propaganda, como hoje. A diferença é que ele vai ser animado e interativo – este adesivo vai rodar web. Dentro do metrô, você vai ver uma propaganda que diz "curta essa marca". Você vai poder clicar no adesivo e curtir. No supermercado, o iogurte vai falar com você. E, não duvido, até o dinheiro vai interagir, para evitar falsificações, com dados de geolocalização e rastreabilidade. Pense numa onça animada na nota de cinquenta reais. Isto está mais perto do que você pensa, e isto é web. Prepare-se.

A web não vai estar mais só dentro do laptop ou desktop, ou de um celular ou tablet. A web vai estar colada em tudo, interagindo com a internet que vem da nuvem. Portanto, pensar hoje em fazer apps (aplicativos) para um único dispositivo é, no mínimo, uma estratégia desastrada. As pessoas devem se preparar para um mundo onde o dispositivo não importa. O que importa é a experiência humana, a interface.

Comunidades open source e colaboração
– Alexandre (Alê) Borba, a convite de Clécio Bachini

Evangelista Open Source e Evangelista de Desenvolvedores no iMasters. Trabalhando firme para que as comunidades de desenvolvedores e os projetos open source cresçam e se destaquem. Colunista e revisor de artigos open source na Revista Espírito Livre (uma publicação gratuita, online e aberta sobre software livre em geral).

iMasters
http://imasters.com.br

Todas as coisas mais evoluídas do mundo moderno são frutos do espírito *open source* e da vontade que as pessoas têm de colaborar. Se não fosse o espírito *open source* de Santos Dumont, não teríamos o avião da forma como ele é hoje (o avião é considerado um dos primeiros projetos *open source* do mundo).

Atualmente a colaboração e o compartilhamento do conhecimento adquirido são o que move a inovação e, graças à internet aberta e livre, somos capazes de colaborar com um projeto em qualquer lugar do mundo e vice-versa. Conseguimos fazer um projeto para uma solução particular, abrir o código e descobrir que ele resolve o problema de uma série de outras pessoas, e que essas pessoas podem agregar maturidade a ele (e algumas realmente agregam muita).

Participar de uma comunidade *open source* e/ou colaborar com algum projeto *open source* não é apenas "enviar códigos" – é também usar, traduzir, reportar erros, ou, simplesmente, ajudar a divulgar que ele existe.

Mesmo dentro de projetos de código fechado ou proprietário, o *open source* causa e motiva a inovação.

8

Um exemplo muito bom disso é a "briga" entre servidores *Linux-based* e Windows. Se a empresa responsável pela criação do Windows Server não tivesse a concorrência que tem dos servidores open source *Linux-based*, as pessoas estariam usando até hoje a primeira versão do servidor proprietário. E dessa forma temos muitos outros projetos que foram afetados de forma parecida ou idêntica.

O recado que fica é: colabore, participe. Faça parte da Open Web, aberta, acessível e para todos!

Os profissionais mais sortudos do mundo

– Zêno Rocha, a convite de Clécio Bachini

Autor de diversos projetos open source mundialmente conhecidos, como jQuery Boilerplate e Wormz, um HTML5 Chrome Experiment. Já trabalhou como engenheiro de software na Petrobras (maior companhia na América Latina) e no Globoesporte.com (o site de esportes mais acessado no Brasil). Hoje tem 22 anos e trabalha como Front-end Engineer para empresa norte-americana Liferay, Inc. Além disso, é apresentador do podcast Zone Of Front-Enders e cofundador da BrazilJS Foundation.

Se existe uma coisa que me faz adorar a profissão de desenvolvedor é o poder que nós temos para criar experiências únicas na web. Não é nenhum poder digno de entrar para a escola do professor Xavier, mas é, sem dúvida, algo muito mais poderoso do que nós imaginamos.

O meu primeiro projeto no Globoesporte.com foi criar uma linha do tempo interativa para celebrar o título do Campeonato Brasileiro do Corinthians em 2011. No dia em que lançamos fiquei monitorando a reação das pessoas através do Twitter e me deparei com diversas emoções diferentes, desde rivais furiosos até torcedores apaixonados admitindo que choraram ao relembrar de toda a saga que foi aquele campeonato. Nesse dia atingimos quase um milhão de acessos a esta página, porém o que realmente me marcou foi conseguir fazer alguém chorar através de uma página web. Nunca pensei que poderia causar isso.

Como desenvolvedores web, nós temos o poder de provocar inúmeras reações a inúmeros usuários diferentes – podemos deixá-los felizes com a rapidez com que concluem suas tarefas ou extremamente irritados pela lentidão do sistema. E isso é, sem dúvida, um poder muito grande.

jQuery Boilerplate
http://jqueryboilerplate.com

Wormz
http://html5-pro.com/wormz

Globoesporte
http://globoesporte.globo.com

Liferay Inc
http://www.liferay.com

Zone Of Front-Enders
http://zofe.com.br

BrazilJS Foundation
http://braziljs.org

10

Só que tem algo que eu gosto ainda mais do que ficar apenas sentado desenvolvendo experiências inusitadas para as pessoas através da internet: pensar em Open Web!

Aqueles que trabalham com a Open Web têm a oportunidade de compartilhar conhecimento diretamente com seus colegas de profissão. E, novamente, isso pode parecer algo bobo, mas é talvez a característica que mais nos difere dos outros profissionais.

Parou para pensar o que acontece se um funcionário da Coca-Cola resolve contar para seu colega de profissão da Pepsi qual é a fórmula para fazer refrigerantes tão gostosos? Isso causaria uma catástrofe. Já nós podemos trabalhar naquele projeto incrível e no fim do dia publicar o código-fonte no GitHub para o mundo inteiro ver.

Muita gente ainda vê esse tipo de atitude como um absurdo – onde já se viu entregar de "mão beijada" para outras pessoas todo o seu esforço? Além de antiquado, esse pensamento é completamente errôneo. É claro que, como tudo na vida existe sua exceção, não podemos sair por aí divulgando conteúdo restrito e confidencial sobre as nossas empresas.

O que eu estou tentando dizer é que compartilhar conhecimento não só o certifica como uma referência na área, como faz você aprender ainda mais através das críticas externas. E isso não se limita apenas no quesito de colocar seu código *open source.*

A grande virada na minha carreira profissional começou quando resolvi compartilhar o que estava aprendendo através de artigos ou palestras. Para conseguir escrever ou falar de determinado assunto eu precisava aprendê-lo muito bem, o que me forçou a estudar muito mais do que costumava.

Por isso, mergulhe neste mundo da Open Web, desenvolva experiências inovadoras e compartilhe cada pedacinho do que aprendeu nesse processo. Pequenos atos causam grandes revoluções.

Web não é internet, web é interface
– Clécio Bachini

Sim, a web foi por muito tempo sinônimo de internet. Este é o peso que carregou por ter sido o veículo que popularizou e elevou ao grau máximo o potencial da rede. Mas não se engane: as tecnologias da web sempre funcionaram também offline. Isto porque, na essência, a web é uma tecnologia para construção de documentos ricos. E isso quer dizer que ela foi pensada para ser uma solução para textos correlacionados, uma ferramenta simples para facilitar o trabalho de quem consultava milhares de artigos acadêmicos todos os dias. Documentos que podiam estar simplesmente em uma pasta na sua área de trabalho.

Temos que lembrar que o HTML foi inspirado na experiência dos usuários de um programa proprietário e offline, o Apple HyperCard. O conceito do HyperCard era construir documentos ricos ou pequenos aplicativos baseados em dados ligados. Essa experiência rica da navegação numa interface que permitia saltar de um lado ao outro de um documento é que proporcionou a ideia da web. Se documentos correlacionados e ligados localmente já eram muito interessantes, o potencial disto numa rede mundial seria incrível. E foi.

25 years of HyperCard
http://goo.gl/1SFPv

O que está acontecendo neste momento é que as muitas tecnologias que estão sendo agregadas à Open Web Platform permitem que cada um desses documentos se torne aplicações completas, espetaculares. Claro que isto já era possível utilizando aplicativos como Flash, Word, PowerPoint, Apple Keynote, entre outros, que produzem facilmente documentos com texto, vídeo, animações, 3D etc.

12

A diferença está no conceito de web aberta. Nunca antes houve uma tecnologia tão simples e abrangente que fosse aberta, pronta para que qualquer pessoa construa aplicação multimídia de forma gratuita, ou melhor, livre de *royalties*.

Entre as centenas de funções que o W3C exerce, a mais trabalhosa é garantir que todas as tecnologias regulamentadas possam ser usadas por todas as pessoas, por tempo indefinido e sem pagar nenhum centavo para alguém. Nenhuma tecnologia Open Web deve ser patenteada. Elas são livres e abertas para serem usadas, modificadas e distribuídas.

Ensinando androides a pensar
– Clécio Bachini

Isto é uma maçã!

Um pequeno robô vê uma maçã. Maçã: fruta suculenta, a preferida de muitas pessoas. Também deu nome à fábrica de dispositivos eletrônicos. Alguns amam, outros detestam. Mas a inspiração – essa veio do Newton, que estava embaixo da macieira quando a fruta, madura, vermelha e suculenta, caiu na sua cabeça revelando a gravidade. Lenda ou verdade? O robô talvez não saiba responder, mas ele sabe o que as pessoas sabem e sentem a respeito disto.

Figura 2. Maçã vermelha

O Fábio Flatschart me apresentou ao Pinterest. Ok, mais uma rede social que a profissão nos obriga a conhecer. Só que, para mim, o Pinterest foi a maçã do Newton. Caiu na minha cabeça e percebi algo que nunca tinha pensado: estamos ensinando às máquinas pensamento subjetivo!

Há muitos anos existem máquinas que aprendem. Aprendem por experiência e observação, como um filhote. Neste perfil, quem programa o instinto inicial é o construtor da máquina. Ele também coloca alguma informação e inteligência artificial – geralmente tudo isto embarcado ou em alguma rede local.

Pinterest
http://pinterest.com

14

Rua Tuiuti no Google
Maps
http://goo.gl/2Q1At

Pois é, inteligência artificial: para mapear todo o conhecimento humano com sua subjetividade cultural qualquer fabricante de software levaria décadas. E mais – quando alguém responde a uma pergunta com algum tipo de estímulo, como dinheiro ou prêmios envolvidos, a transparência das informações é comprometida. Quantas vezes eu vi os carros de pesquisa para novos produtos parados na Rua Tuiuti e o povo fazendo fila para responder que adorou só pra ganhar algum prêmio.

Mas agora, meus amigos, todo conhecimento humano, em nível racional e emocional, está sendo mapeado. E nenhuma empresa está pagando por isto. Muito pelo contrário – as pessoas estão fazendo isso de graça, como voluntárias, e com prazer. Isto se chama redes sociais.

Nas redes sociais as pessoas compartilham livremente opiniões, emoções, fatos do cotidiano, imagens, músicas, gostos, cultura, religião etc. Eu deixo claro do que gostei no Facebook, eu coloco uma *hashtag* no Twitter. Tudo para deixar bem explícito o que quero dizer.

E isto, se ninguém notou ainda, está criando um vetor cultural que vai ensinar às máquinas, com alguma inteligência artificial baseada em pilares muitos simples, a entender a subjetividade.

E como o Pinterest me ensinou isto? Vamos lá: eu navego na rede e vejo a foto de uma maçã. Eu coloco um *pin* nesta maçã e penduro no meu quadro virtual dentro do Pinterest. Este quadro tem um nome, dando valor semântico ao objeto virtual.

Outras mil pessoas fizeram a mesma coisa com a mesma imagem. Só que cada um criou um valor semântico único, classificando essa imagem e fazendo um comentário. Jogando um pouco de inteligência artificial em cima disso, eu posso obter um vetor que aponta qual a tendência emocional que aquela imagem causa em determinados grupos sociais. Ou seja, a máquina é capaz de saber que emoção uma determinada imagem causa nas pessoas. Assustador, não?

Mas isso é só o começo!

Na ficção científica, os androides se assemelham tanto ao homem que, como nós, carregam o conhecimento embarcado. Até pouco tempo atrás, pensávamos em robôs que seriam programados para entender certos problemas.

Mas agora minha visão mudou. É uma aposta, mas penso que a inteligência artificial vai existir primordialmente na nuvem. E que todo autômato vai estar ligado em nuvem, como um terminal burro que consulta seu *mainframe.* Isto vai desde os nano robôs que vão construir os edifícios até os adesivos interativos colados nos postes. As embalagens das bolachas que tocam propaganda, a garrafa de Gatorade que controla o seu treino. Essa é a grande era da internet das coisas! E a tecnologia para isso se chama Open Web Platform, do W3C.

Consórcio World Wide Web (W3C)
http://www.w3c.br

Minha visão é que todo o conhecimento das pessoas está sendo armazenado de maneira natural e vai alimentar uma base de inteligência que vai fazer a Matrix parecer um Fiat 147. Caso não tenha percebido, isso está acontecendo agora. E não é uma coisa boa ou ruim. É um fato.

The Matrix
http://goo.gl/VRDwq

Fiat 147
http://goo.gl/0UJL8

Não se iluda com os estudos sobre redes sociais que publicitários estão fazendo. Publicitários não conhecem Alan Turing, autômatos e Prolog. Eles apenas sugam a nata gordurosa e perceptível que está sobre as mídias sociais.

Alan Turing
http://goo.gl/TZI7n

Prolog
http://goo.gl/EVUsq

O melhor, o incrível e o extraordinário estão embaixo. Este é o leite que vai alimentar as máquinas, num futuro que nem Verne, Asimov ou Orwell ousaram imaginar.

Júlio Verne
http://goo.gl/M2ph7

Isaac Asimov
http://goo.gl/t89yC

"Do Androids Dream of Electric Sheep?", perguntou Philip K. Dick. Eu agora prefiro pensar que os androides sonham com redes sociais.

George Orwell
http://goo.gl/24ZGA

Do Androids Dream of Electric Sheep?
http://goo.gl/FpXyu

Tudo isso até a próxima tempestade solar ☺.

A internet, a web e o World Wide Web Consortium (W3C)
– Cesar Cusin

Figura 3. Logo do World Wide Web Consortium (W3C)

Para discorrer sobre o histórico da web e do World Wide Web Consortium (W3C), faz-se necessário conhecer a história da comunicação, para um melhor entendimento dos avanços tecnológicos ao longo do tempo e de quem são as contribuições mais significativas para o que se conhece hoje como ambiente hipermídia informacional digital.

O histórico inicia-se em 03 de outubro de 1969, quando, pela primeira vez, dois computadores em locais remotos se comunicaram através da internet. Conectados por mais de 350 quilômetros de linha telefônica alugada, as duas máquinas, uma na University of California em Los Angeles (UCLA) e o outra no Stanford Research Institute (SRI), fizeram uma tentativa de transmitir a mais simples mensagem: a palavra "LOGIN" transmitida uma letra de cada vez. As letras "L" e "O" foram transmitidas perfeitamente. Quando a letra "G" foi transmitida, o computador do SRI travou.

No início dos anos 1970, Robert Kahn e Vinton Cerf criaram um novo protocolo de comunicação de rede, o *Transmission Control Protocol/Internet Protocol* (TCP/IP).

Foi em 1972 que o primeiro *Electronic Mail* (e-mail) foi enviado. Até então, para a comunicação, era necessário escrever em um arquivo em uma pasta e outras pessoas no mesmo computador podiam pedir transferência da pasta. Após isso, Ray Tomlinson escreveu uma mensagem de e-mail, um programa que tinha duas partes, o SNDMSG para enviar e o READMAIL para receber.

Tomlinson é conhecido por ter selecionado o caractere "@" como a divisão entre o nome e a sua localização. Já em 1973, três quartos do tráfego em toda a Advanced Research Projects Agency Network (ARPANet) foi de e-mail. Uma contribuição valiosa foi a opção "Reply", acrescentada por John Vittal, o que significava que todo o endereço não precisava ser redigitado ao responder a uma mensagem.

Em 1º de janeiro de 1983, a ARPANet fez sua transformação oficial para TCP/IP. Essa é a data oficial da formação da internet, a palavra que significa a coleção de todas as redes.

A história da *World Wide Web* (www) é interessante. Foi através da luta persistente de um homem que tornou a www a realidade de hoje. Timothy John Berners-Lee, mundialmente conhecido como Tim Berners-Lee, fabricou os protocolos para a www gradualmente entre os anos 1980 e 1991. Felizmente, as bases para a www já tinham sido inventadas. Paul Baran, com o *packet switching* (pacote de troca); Richard Bolt Beranek, Robert Newman e outras instituições, com a ARPANet; Robert Kahn e Vinton Cerf, com o TCP/IP; Douglas Englebart, com o mouse (1960); e Ted Nelson, com o hipertexto (1965). As duas últimas, segundo Leo L. Beranek, desempenharam um papel vital na gênese da www.

Who really invented the internet [PDF]
http://goo.gl/99xRN

Tim Berners-Lee, conhecido como "pai da web", nasceu em 08 de junho de 1955. É o Diretor do W3C e Pesquisador Sênior do Computer Science and Artificial Intelligence Laboratory (CSAIL) no Massachusetts Institute of Technology (MIT), onde tem um grupo com atividades de pesquisa na área de Inteligência Artificial chamado *Decentralized Information Group* (DIG). É também Professor do Departamento de Ciência da Computação da University of Southampton.

Berners-Lee uniu as tecnologias necessárias já existentes até então e desenvolveu o que conhecemos atualmente por internet com links hipertextuais. Porém, a ideia de hipertexto – ligando uma palavra ou frase de um documento a outro documento – não é nova, surgiu com Vannevar Bush e Ted Nelson. Berners-Lee implementou e lançou a ideia mundialmente e pensou em chamar de *Information Mesh* ou *Mine of Information*, mas, finalmente, foi chamada de *World Wide Web* (www).

Who Made a Difference:
Tim Berners-Lee
http://goo.gl/dQKpz

Berners-Lee escreveu o primeiro servidor *World Wide Web, Hyper Text Transfer Protocol Daemon* (HTTPD), bem como o primeiro cliente *World Wide Web* em 1990, um navegador/editor hipertexto "What You See

Is What You Get" (WYSIWYG), que rodou no ambiente NeXTStep. Este trabalho foi iniciado em outubro de 1990, e o programa "WorldWideWeb" foi o primeiro a ser disponibilizado no *Conseil Européen pour la Recherche Nucléaire* (CERN), em dezembro, e na internet em geral, em 1991.

Entre 1991 e 1993, Berners-Lee continuou a trabalhar no projeto da web, coordenando o *feedback* dos usuários através da internet. As especificações iniciais de *Uniform Resource Identifier* (URI), *HyperText Transfer Protocol* (HTTP) e *HyperText Markup Language* (HTML) foram aperfeiçoadas e discutidas em círculos maiores, bem como a propagação da tecnologia web.

Em 1994, Berners-Lee fundou o W3C no Laboratory for Computer Science (LCS) do MIT. Desde então é o Diretor do W3C, que coordena o desenvolvimento da web no mundo inteiro, com equipes no MIT, no European Research Consortium for Informatics and Mathematics (ERCIM), na Europa, e na Keiko University, no Japão. O Consórcio tem como objetivo conduzir a web ao seu pleno potencial, assegurando a sua estabilidade através de uma evolução rápida e transformações revolucionárias do seu uso.

Em 1997 Berners-Lee escreveu o livro "Weaving the Web: The Original Design and Ultimate Destiny of the World Wide Web by Its Inventor", que se tornou importante para conhecer a história da web sob o olhar do seu inventor.

Em 1999, tornou-se o primeiro titular do "3Com Founders chair" no LCS, que se fundiu com o Artificial Intelligence Lab para se tornar o Computer Science and Artificial Intelligence Laboratory (CSAIL). Em dezembro de 2004 ficou com a presidência do Departamento de Ciências da Computação na University of Southampton, no Reino Unido. Berners-Lee é codiretor da nova Web Science Research Initiative (WSRI) lançada em 2006.

O primeiro site que Berners-Lee construiu (inicialmente e unicamente com página de texto) foi no CERN e foi colocada online em 07 de agosto de 1991. O site oferecia uma explicação sobre o que era a World Wide Web (www), como alguém poderia criar um navegador e como instalar e configurar um servidor web.

Ao contrário do que normalmente se pensa, internet não é sinônimo de www. Esta é parte daquela, sendo a www (que utiliza hipermídia na formação básica) um dos muitos serviços oferecidos na internet.

Como a web se mostrou uma boa ideia, houve um debate entre os integrantes do CERN a respeito de obter vantagens financeiras sobre ela. Berners-Lee foi veementemente contra esta ideia. Tornar a web livre de *royalty* a tornou mais atraente do que qualquer alternativa proprietária. "Sem isso, ela nunca teria acontecido", afirmou Berners-Lee.

Berners-Lee continua a defender a web à frente do W3C, que desenvolve tecnologias interoperáveis não proprietárias para a web. Um dos objetivos principais do W3C é tornar a web universalmente acessível, independentemente de deficiências, linguagens ou culturas.

Apesar dos benefícios da web, Berners-Lee ainda trata a web como um trabalho em andamento. Berners-Lee afirma que a web não está concluída e aponta que pesquisas com blogs e wikis com foco em tornar a web mais colaborativa e interativa estão na direção certa. Sir Tim Berners-Lee foi homenageado na cerimônia de abertura dos Jogos Olímpicos de Londres (2012).

Nessa direção, em 30 de outubro de 2007, o W3C montou seu primeiro escritório na América do Sul, que está abrigado no Núcleo de Informação e Coordenação do Ponto BR (NIC.br) em São Paulo, com o objetivo de aumentar a interação com a comunidade de língua portuguesa.

O gerente do W3C Escritório Brasil, Newton Vagner Diniz, cita a importância dos padrões do W3C, que "garantem a competitividade, a interoperabilidade, a acessibilidade, a expansão e a durabilidade das aplicações em longo prazo, pois as ferramentas também evoluem com base nesses padrões".

Atualmente, no contexto digital, para Berners-Lee, "o poder da web está na sua universalidade. O acesso a todos, inclusive a pessoas com necessidades especiais, é um aspecto essencial".

A chave do sucesso da *World Wide Web* é o hipertexto. Os textos e as imagens são interligados através de

> Without that, it never would have happened
> http://goo.gl/ZBKme

> The power of the Web is in its universality. Access by everyone regardless of disability is an essential aspect
> http://goo.gl/6mWVa

palavras-chave, tornando a navegação simples e agradável. A antiga internet, antes da web, exigia do usuário disposição para aprender comandos em Unix (linguagem de computador usada na internet) bastante complicados e enfrentar uma interface pouco amigável, unicamente em texto.

A possibilidade de transmissão de áudio, animações e vídeo pela web mudou radicalmente o ambiente dominado por texto, gráfico e imagens estáticas, levando a uma experiência multimidiática interativa.

A internet é uma rede de máquinas. A web é uma rede de pessoas ☺.

HTML: do 1 ao 5 fazendo seu browser mais feliz
– Fábio Flatschart

Figura 4. Logo HTML5

Acompanhe o desenvolvimento da linguagem HTML, passando das versões 1 até 5 intercaladas pelas versões do XHTML.

HTML de 1 a 5
http://goo.gl/8XDz0

- **1980:** os princípios fundamentais do HTML nasceram a partir de um primitivo modelo de hipertexto conhecido como ENQUIRE, escrito em linguagem PASCAL, no CERN (Conseil Européen pour la Recherche Nucléaire – Organização Europeia para a Pesquisa Nuclear) através das pesquisas de Tim Berners-Lee, que na época trabalhava na divisão de computaçao da instituição.

- **1990:** com o auxílio de Robert Cailliau, Tim Berners-Lee constrói o primeiro navegador/editor, chamado então de *World Wide Web*, e cria o protocolo HTTP (*HyperText Transference Protocol* – Protocolo de Tranferência de Hipertexto) para distribuir conteúdo na rede. O HTTP era alimentado com uma nova linguagem de marcação, o HTML – baseado no SGML (*Standard Generalized Mark-up Language*), uma linguagem amplamente aceita para a estruturação de documentos e da qual o HTML herdou as *tags* de título, cabeçalho e parágrafo. A gran-

Links and Anchors
http://goo.gl/LypJu

de novidade era a marcação A com o elemento HREF, que permitia a ligação (link) entre vários documentos.

- **1992:** o programador Marc Andreessen, que logo fundaria o Netscape, inicia o projeto de seu próprio navegador: o Mosaic. Em dezembro de 1992, Andreessen, que agora participa de uma lista de discussão mundial (WWW-talk) para difundir as propostas de Berners-Lee sobre o HTML, propõe a implementação de uma *tag* para imagens, a *tag* IMG.

- **1993:** um documento chamado "Hypertext Markup Language" foi publicado pela IETF (Internet Engineering Task Force). Neste mesmo ano o navegador Mosaic foi lançado, permitindo a exibição de imagens, listas e formulários.

- **1994:** é realizada em Genebra a primeira conferência mundial sobre web, a World Wide Web Conference, da qual surge a especificação HTML 2.0. Marc Andreessen e Jim Clark fundam a Netscape Communications, apontando para o nascimento do primeito navegador de alcance global. No final de 1994 é criado o W3C (World Wide Web Consortium – Consórcio World Wide Web) para coordenar o desenvolvimento de padrões abertos para a web.

- **1995:** o HTML 2.0 é oficialmente publicado. Em paralelo, Dave Raggett publica um primeiro rascunho do HTML 3.0, incluindo tabelas e suporte para folhas de estilo. A Microsoft apresenta seu navegador, o Internet Explorer, para concorrer com o Netscape. Começa a "guerra dos browsers".

- **1996:** o W3C cria um novo grupo, o *HTML Editorial Review Board*, com o objetivo de padronizar o desenvolvimento de padrões para a web, pois Netscape e Microsoft divergem sobre uma série de questões. A *tag* OBJECT aparece neste ano e W3C começa o desenvolvimento de uma nova versão da linguagem HTML chamada Cougar. Ela seria o embrião do HTML 4.

- **1997:** o W3C atualiza, agora oficialmente, o HTML 2.0 para a versão HTML 3.2, que incluía tabelas e *applets* Java. Neste mesmo ano, em dezembro, a especificação 4.0 do HTML foi publicada como uma recomendação do W3C, incorporando o uso de folha estilos (CSS).

- **1999:** em dezembro é publicado o HTML 4.01, buscando a compatibilidade com as versões anteriores através de três implementações: *strict*, na qual os elementos obsoletos ficam proibidos, *transitional*, na qual são permitidos alguns elementos obsoletos, e *frameset*, para sites com *frames*.

- **2000:** o XHTML 1.0 é publicado em janeiro, apoiado no XML, faz uso de uma sintaxe mais rigorosa e fortalece a divisão entre camada de conteúdo e camada de apresentação. Seu reinado seria longo...

- **2001:** em maio de 2001 a especificação XHTML 1.1 é lançada oferecendo recursos de modularização.

- **2002:** entre os anos 2002 e 2006, o W3C apresenta oito rascunhos do XHTML 2.0 estruturados de modo não compatível nem com XHTML 1.0 nem com HTML 4.0, fato que causou polêmica entres desenvolvedores e fabricantes.

- **2004:** os desenvolvedores das empresas Opera e Mozilla mostram-se insatisfeitos com o caminho proposto pelo W3C em relação ao fututo da web com a especificação do XHTML 2.0 e juntamente com a Apple formam o WHATWG (*Web Hypertext Application Technology Working Group*), que em breve seria integrado também pelo Google.

- **2006:** a atuação do WHATWG é reconhecida pelo W3C, que até então caminhavam separadamente. Tim Berners-Lee anuncia que trabalhará em parceria com o WHATWG.

- **2007:** Apple, Mozilla e Opera solicitam que o W3C reconheça e aprove oficialmente o trabalho desenvovido pelo WHATWG com o nome de HTML5.

- **2008:** o HTML5 é publicado como um projeto de trabalho (*working draft*) pelo W3C.

- **2009:** o grupo de desenvolvimento responsável pelo XHTML 2.0 é encerrado.

XHTML e HTML são recomendações independentes e o W3C indica o uso destas linguagens nas versões XHTML 1.1, XHTML 1.0, e HTML 4.01 para desenvolvimento e publicação de sites e aplicações na web. O HTML5 e a sua especificação, ainda não concluída, devem ser candidatos a uma recomendação do W3C em 2014.

Pelas características modulares do desenvolvimento da versão HTML5, as empresas fabricantes dos navegadores, desenvolvedores, designers e usuários não necessitam aguardar a especificação final da linguagem para colocá-la em uso e usufruírem das novas funcionalidades.

Uma das maiores dúvidas sobre o HTML5 é a sua efetiva compatibilidade com os navegadores e dispositivos atuais.

Este receio se justifica em parte pelas dificuldades que desenvolvedores e designers sempre tiveram para garantir que seus projetos atingissem de maneira uniforme e consistente o maior número possível de usuários.

A variedade imensa de sistemas operacionais, tecnologias e *browsers* de diversos fabricantes (cada um com diversas versões!) foi agravada nos últimos anos pelo crescimento da oferta de novos dispositos móveis de acesso à web, como os smartphones, netbooks, tablets e consoles portáteis de games.

As últimas versões do Firefox, Safari, Chrome, Opera, e a maior parte dos *browsers* dos modernos dispositivos *mobile* já suportam, além dos elementos semânticos citados, os novos recursos de *canvas*, áudio, vídeo e geolocalização.

O Internet Explorer, nas versões 9 e 10, apresenta grandes progressos quanto à compatibilidade com a versão 5 do HTML.

Cada *browser* possui um motor de renderização (*rendering engine*) encarregado de exibir o conteúdo do documento web para o usuário.

A cada nova versão mais recursos são suportados e a concorrência entre os fabricantes é grande, de maneira que quando um fabricante implementa uma funcionalidade esta é quase sempre seguida de perto pelos demais.

O HTML5 pode (e deve!) ser utilizado nos projetos em que as audiências, devido às suas especificidades, têm à sua disposição *browsers* modernos e atualizados ou naqueles nos quais você ofereça, junto com seu conteúdo, *scripts* ou conteúdo alternativo (*fallback*) para adequar sua aplicação aos usuários cujos *browsers* não reconhecem os novos elementos HTML5.

Plan 2014
http://goo.gl/5Y5tk

O grupo de trabalho do HTML do W3C tem feito muitos progressos em relação ao HTML5, que deve receber o status de recomendação em 2014.

As cidades e a Open Web
— Clécio Bachini

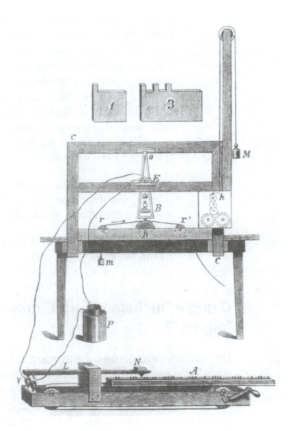

Figura 5. Telégrafo Morse

Subitamente, a um canto, repicou a campainha do telefone. E enquanto o meu amigo, curvado sobre a placa, murmurava impaciente "Está lá? – Está lá?", examinei curiosamente, sobre a sua imensa mesa de trabalho, uma estranha e miúda legião de instrumentozinhos de níquel, de aço, de cobre, de ferro, com gumes, com argolas, com tenazes, com ganchos, com dentes, expressivos todos, de utilidades misteriosas.

Tomei um que tentei manejar – e logo uma ponta malévola me picou um dedo. Nesse instante rompeu de outro canto um tiquetique açodado, quase ansioso. Jacinto acudiu, com a face no telefone:

— Vê aí o telégrafo!... Ao pé do divã. Uma tira de papel que deve estar a correr.

E, com efeito, duma redoma de vidro posta numa coluna, e contendo um aparelho esperto e diligente, escorria para o tapete como uma tênia, a longa tira de papel com caracteres impressos, que eu, homem das serras, apanhei, maravilhado. A linha, traçada em azul, anunciava ao meu amigo Jacinto que a fragata russa Azoff entrara em Marselha com avaria!

Já ele abandonara o telefone. Desejei saber, inquieto, se o prejudicava diretamente aquela avaria da Azoff.

A Cidade a as Serras, de
Eça de Queiroz
http://goo.gl/JLVGI

— Da Azoff?... A avaria? A mim?... Não! É uma notícia."

O que é "inclusão digital" quando tudo é "digital"?

Em um mundo onde o hardware não é mais algo palpável, ele está naturalmente integrado aos objetos do cotidiano: computadores poderão ser impressos, colados, costurados. Parece estranho, mas o hardware de hoje está para nós como a tintura de pau-brasil para os portugueses na época do descobrimento: algo que tem muito valor, mas que, rapidamente, vai se integrar e desaparecer da percepção comum. Microcomputadores vão ser tão baratos quanto papel – na verdade, estarão impressos no papel.

E nesse mundo onde tudo é uma interface potencialmente conectada, a relação do cidadão com o mundo ao seu redor muda ligeiramente. Na verdade, se torna natural o fato de não haver percepção de interface. O futuro sonhado onde as pessoas estão o tempo todo interagindo com dispositivos em forma de telas de computador passa a ser um presente sem dispositivos nem telas. Interfaces serão flexíveis, adaptadas aos objetos e com o tamanho apropriado para oferecer uma melhor experiência.

Neste mundo, o ônibus pode mudar de cor de acordo com a linha em que está trafegando naquele dia. O itinerário impresso no papel sendo atualizado em tempo real. O papel: dobrável, reciclável, descartável, sem apego. Se este presente for construído de grafeno, ele será feito de carbono: leve, abundante e barato.

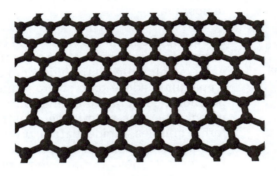

Figura 6. Grafeno

A visão de inclusão digital que hoje alguns ainda têm – baseada no hardware – cai por terra. Hardware não faz a menor diferença. A diferença está no software. Mais do que isso, a diferença está na interação, na experiência. As pessoas não terão necessidade de ser incluídas, elas naturalmente já estarão dentro.

A cidade digital de hoje é entendida como um imenso painel na sala do prefeito, onde se tem um panorama dos fatos. Sabemos que nem isso os gestores têm hoje.

No presente do grafeno, as informações fluirão natural e semanticamente, dando subsídios e permitindo a tomada de decisões com um embasamento muito mais interessante. Cada mobiliário público é um sensor em potencial. Gerenciamento de emergência, mobilidade e outros dados sensíveis ao interesse público poderão ser obtidos e tratados de forma automática e em tempo real.

Radical Openness
http://goo.gl/WBCMl

ONU afirma que acesso
à internet é um direito
humano
http://goo.gl/h3VCl

The System Information
API
http://goo.gl/CPSKe

Claro que aí se levantam questões de privacidade. Mas eu acredito que caminhamos para um tempo de "abertura radical", como diz Don Tapscott.

Toda tentativa de controle da informação acaba caindo em algum tipo de censura, o que não é mais aceito nas sociedades modernas, nem mesmo como pretexto de segurança. Não há aqui julgamento sobre o tema, apenas estamos navegando em hipóteses. E, sendo assim, escolho navegar de forma ingenuamente positiva.

Neste mundo holístico, onde tudo está integrado em harmonia, a internet é um bem garantido pela ONU e universalmente distribuído, com custos acessíveis e boa qualidade, e todo objeto é um computador em potencial, seria muito interessante termos uma tecnologia que nos permitisse construir interfaces de forma simples, rápida, barata, universal, compatível, semântica, responsiva, acessível e livre de *royalties*. Mas essa tecnologia provavelmente só existe num mundo de fantasias ou num futuro otimista de algum sonhador ingênuo? Nada disso. Essa tecnologia poderosa e revolucionária existe hoje. É a Open Web Platform.

As tecnologias de interface da Open Web são tão completas que permitirão a integração com esse hardware universal. A xícara poderá indicar a temperatura do café. A garrafa térmica, o nível do seu conteúdo – mais do que isto, poderá avisar na copa que o café acabou.

Nesta cidade de autômatos interligados, problemas no metrô podem desencadear alertas para os ônibus. Ao mesmo tempo, seu bilhete-único ou cartão de transporte pode avisar que há dificuldades no seu itinerário e sugerir alternativas, direcionando o fluxo de usuários para outros caminhos e evitando tumultos. Isto é feito com HTML, CSS e *JavaScript*. O cartão precisa ficar vermelho? É só mudar com CSS. O texto? É só alterar o HTML.

A ideia seria termos pequenos sistemas interligados. Pequenas unidades, criando uma grande rede orgânica. Uma via de mão dupla que age e reage com a cidade e os cidadãos.

Transportar para toda uma sociedade as experiências que estamos vivendo na comunidade web, como, por exemplo, a utilização colaborativa do GitHub para desenvolvimento, pode promover uma mudança de comportamento muito interessante. Não revolucionária, mas natural. Uma volta à simplicidade.

GitHub: Build software better, together
https://github.com

Difícil imaginar como seria a relação entre cidadão e governo. Na verdade, hoje já temos um nivelamento. Com consciência, o peso do cidadão numa sociedade onde a informação e os meios são universais faz com que ele tenha voz imediata, coisa que outrora não seria tão simples.

Com meios auditáveis, fiscalizar o poder público também fica bem mais simples. Saber quantos alunos estão na escola naquele momento – e quantos deveriam estar – a taxa de ocupação de leitos hospitalares, a verba direcionada para cada região da cidade e para quê. Tudo em tempo real. O painel deixa de estar na mão do poder público, na sala do prefeito, e passa a estar na mão de cada cidadão, o tempo todo.

Uma sociedade onde a tecnologia volta a ser só o meio e não fim.

O usuário é o rei!
– Fernando Martin Figuera (Caverna), a convite de Clécio Bachini

Microsoft Brasil
http://www.microsoft.com/pt-br

Apaixonado por comunicação e tecnologia, cinema e games, é especialista em novas tecnologias e Developer Evangelist da Microsoft no Brasil.

Recentemente fiz uma descoberta. Nada muito especial, mas foi o suficiente para mudar a forma que enxergo interfaces e experiências.

Sempre acreditei que o sonho de usuários e desenvolvedores era desfrutar de alta compatibilidade dos seus aplicativos e jogos favoritos – e de fato eu estava enganado.

Se questionados, desenvolvedores dirão que querem desenvolver uma única vez, e então ver sua cria funcionando em todos dispositivos que tiverem poder de processamento, armazenamento e autonomia.

Já os usuários, se questionados, dirão que querem que o mesmo aplicativo e o mesmo jogo funcione em todos os seus *gadgets* da mesma forma. Para obtermos algumas respostas, às vezes é necessário não fazer perguntas, mas avaliarmos o comportamento dos questionados. A descoberta foi:

Não esperamos a mesma experiência em diferentes dispositivos. Esperamos a melhor experiência de cada dispositivo.

Não desejo que meu *app* faça uso de um acelerômetro ou giroscópio no meu notebook. Já o mesmo *app* no meu smartphone poderia fazer uso de tudo que tenho à disposição, para garantir uma experiência, além de rica, o mais conveniente possível – afinal, um smartphone é um bem mais que pessoal.

No meu console, desejo utilizar meu *joystick*. Mas já para jogar o mesmo *game* no meu tablet, a experiência de utilizar controles analógicos em uma tela sensível ao toque não me agrada.

De que adianta "funcionar em tudo" se foi concebido para um dispositivo isolado?

Ainda é preciso desenvolver com o dispositivo em mente. Quero jogar meu jogo favorito não da mesma forma em todos eles, mas sim **da melhor forma em cada um deles.**

Agora um ponto de atenção. Pensar em experiências otimizadas por tipo de dispositivo não significa que a tecnologia do dispositivo é única, específica para ele. E é por isso que o uso de linguagens em comum é importante. Funcionar no navegador é ótimo. Ser nativo normalmente significa ter ainda mais poder.

A Microsoft trouxe o HTML5 para toda a nova geração de desenvolvimento, e estamos muito felizes com isso. Essa possibilidade vai além do navegador, acessando serviços disponíveis diretamente no sistema operacional, tudo isso somente com uso de *JavaScript*.

Muitas vezes vejo programadores dividirem-se nos segmentos web, *mobile* e *cloud computing*, enquanto as novas plataformas de desenvolvimento se esforçam para fazer justamente o oposto, oferecendo uma experiência integrada e uma plataforma que não exija conhecimento específico. Hoje temos casos em que o *core* do sistema operacional é o mesmo.

Assim como vemos a palavra "Windows" em muitas frentes da Microsoft, seja em software, serviços (ex.: Windows Azure) ou dispositivos (ex.: Windows Phone), a compatibilidade com HTML5 existe em todas essas plataformas, sem ruptura.

Sabemos que atualmente não utilizamos dispositivos de uma forma isolada, e as experiências precisam ser integradas. Além de conversarem, consomem inclusive os mesmos serviços de nuvem.

Se for para sermos especialistas por segmentos, que sejam em dispositivos, uma vez que a questão é mais antropológica que técnica. Como as pessoas esperam interagir com seus bens?

Tenho uma segunda descoberta. Esta mudou minha vida e resume-se em um simples cálculo:

$$Q = R-E$$

Onde Qualidade (Q) é igual a resultado (R) menos expectativa (E).

Você pode ler qualidade como satisfação também. Honestamente, eu até prefiro. Então ficamos **S = R-E,** onde obviamente o resultado positivo é sinônimo de sucesso.

Esta fórmula pode mudar sua vida, aumentando drasticamente o seu poder de colocar sorrisos em rostos alheios.

Sua esposa, chefe, amigos, parentes... todos têm expectativas sobre tudo, do momento que acordam ao horário de irem dormir. Se suas expectativas forem atingidas durante suas rotinas, ficarão satisfeitos. Se não forem atingidas, ficarão tristes. Se superadas, estarão nas nuvens – **S positivo**.

Voltando a falar sobre experiências em dispositivos, consumidores gastaram montantes de dinheiro em seus novos brinquedos. Seu site, aplicativo ou jogo atinge a expectativa do usuário?

Se simplesmente é compatível com o dispositivo, então o resultado da equação **S = R-E** será zero ou menor.

Se o mesmo site, aplicativo ou jogo foi projetado pensando no comportamento e na expectativa do usuário daquela "tela", a chance de chegarmos a um valor de **S** positivo é bem maior.

"Olha, no Windows Phone tem integração com o acelerômetro!"

"O Xbox 360 utiliza leitura corporal com o Kinect!"

"No Surface existe um gesto para os cinco dedos!"

As frases citadas vieram do mesmo usuário, surpreso positivamente (**S +**) depois de fazer uso do mesmo *app* em diferentes dispositivos.

SEMÂNTICA

Fábio Flatschart

De muitos para muitos

O mundo no bolso! Informação, entretenimento e conhecimento na ponta dos dedos em todos os momentos, em todos os lugares, personalizados e filtrados para suas necessidades.

O futuro já chegou. Só não está uniformemente distribuído. (William Gibson)

William Ford Gibson
http://goo.gl/tVgkd

Figura 7. Multidão representada em ilustração da coleção *Burton's Pilgrimage to Al-Madinah & Meccah* – c. 1855

Vamos voltar um pouco no tempo e reconstruir essa história...

Cultura, Tupi, Globo, Record, Gazeta e Bandeirantes. Estas eram as opções do *broadcast* televisivo brasileiro na cidade de São Paulo nos anos 70. Globo e Tupi (depois SBT) eram as que contavam; a Record corria por fora, a Bandeirantes era mais focada no universo esportivo e a dupla Gazeta e Cultura tinha difícil sintonia e audiência no limiar do zero. Era muito fácil compartilhar aspectos comuns e conviver neste cenário de poucas opções e poucas tribos.

Nesta mesma época, o rádio oferecia mais nichos, com suas opções de AM, FM e as Ondas Curtas, que permitiam maior regionalização do conteúdo. A mídia impressa convivia e brigava com a censura...

O modelo vigente era a comunicação unidirecional, "de um para muitos". Conteúdo curado, produzido e formatado no modelo "one size fits all", ou seja, onde uma única opção atendia a todos. As possibilidades cartesianas de escolha e o leque de opções mais enxuto permitiram o florescimento de uma cultura de *hits,* a geração *blockbuster* que comungava dos mesmos valores e hábitos e práticas de consumo. Não é à toa que nesta época, fim dos anos 60 nos EUA e anos 70 no Brasil, os movimentos da contracultura ganhavam força questionando o *status quo*, o sistema e as regras impostas pela cultura de massa.

Status Quo
http://goo.gl/ih33r

Mesmo que a cultura de massa ainda exerça uma influência enorme no comportamento da sociedade, a geração internet está se pautando cada vez mais pela cultura de nicho e pela comunicação "de muitos para muitos", onde personaliza, cria, divulga e compartilha seus próprios anseios e necessidades.

Este é o ponto de partida para entender as implicações da sociedade em rede nas esferas sociais, políticas e econômicas. É daqui que começamos ☺.

ANDERSON, Chris. **A cauda longa:** do mercado de massa para o mercado de nicho. Rio de Janeiro: Elsevier, 2005

> **DICA:** Para saber mais sobre este embate entre a cultura e o mercado de massa *versus* a cultura e o mercado de nicho recomendo o livro "A Cauda Longa", de Chris Anderson.

Garimpando os petabytes da informação

Big Data, *cloud computing* e ubiquidade: este é o tripé tecnossocial que alimenta e potencializa ao infinito o bombardeio informacional ao qual somos submetidos diariamente. A quantidade de informação que recebemos hoje é inexplicável e inconcebível, não para o homem do século XIX, mas para o homem de trinta anos atrás!

Figura 8. Código binário

Novas expressões dimensionais são necessárias para abarcar e medir o fluxo de dados na internet ao redor do planeta:

- 1 megabyte (MB) = 1024 kilobytes
- 1 gigabyte (GB) = 1024 megabytes
- 1 terabyte (TB) = 1024 gigabytes
- 1 petabyte (PB) = 1024 terabytes
- 1 exabyte (EB) = 1024 petabytes
- 1 zetabyte (ZB) = 1024 exabytes

Não é possível avaliar com precisão o tamanho exato dos dados guardados na rede, mas o Internet Archive estimava que ao final de 2012 a internet já passava

Internet Archive Blogs
http://goo.gl/TavKe

Internet World Stats
http://goo.gl/apWum

Doze trabalhos de
Hércules
http://goo.gl/gMCzz

de 10 petabytes. Este conteúdo aumenta de maneira exponencial, já que, segundo o Internet World Stats, apenas 34% da população mundial está conectada (dados de junho de 2012).

Estes números nos dão a certeza de que achar uma agulha em um palheiro é uma expressão que se encaixa perfeitamente no contexto contemporâneo: buscar, filtrar e catalogar conteúdo é uma missão cujo valor é imensurável. Garimpar os petabytes da rede está em um nível de dificuldade não encontrado nem entre os mais desafiantes trabalhos de Hércules!

Região	População estimada	Usuários de internet	Penetração	Crescimento 2000-2012
África	1.073.380.925	167.335.676	15,6%	3.606,7%
Ásia	3.922.066.987	1.076.681.059	27,5%	841,9%
Europa	820.918.446	518.512.109	63,2%	393,4%
Oriente Médio	223.608.203	9.000.455	40,2%	2.639,9%
América do Norte	348.280.154	273.785.413	78,6%	153,3%
América Latina e Caribe	593.688.638	254.915.745	42,9%	1.310,8%
Oceania e Austrália	35.903.569	24.287.919	67,6%	218,7%
Total	**7.017.846.922**	**2.405.518.376**	**34,3%**	**566,4%**

Para conhecer em detalhes os dados sobre o uso das tecnologias de comunicação e informação em domicílios, o acesso individual a computadores e à internet, atividades desenvolvidas na rede, comércio eletrônico, habilidades para o uso do computador e internet e acesso sem fio no Brasil o melhor caminho é a pesquisa realizada anualmente em todo o território nacional pelo CETIC.br (Centro de Estudos sobre as Tecnologias da Informação e da Comunicação).

CETIC.br – Pesquisas e Indicadores
http://goo.gl/Dx4Px

Este universo de dados nos coloca frente a frente com um cotidiano de infinitas escolhas – ou, como diz Barry Schwartz, o paradoxo de escolha.

Em seu livro de mesmo nome (*The paradox of choice*), o psicólogo Barry Schwartz aborda exatamente esta questão: como o bombardeio de informações e de possibilidades de escolha nos leva a viver em um mundo de nichos e tribos no qual as infinitas opções de escolha não nos fazem mais felizes, mas nos levam a um universo de insegurança e individualismo.

SCHWARTZ, Barry. **O paradoxo da escolha:** por que mais é menos. São Paulo: A Girafa, 2007

O papel dos mecanismos de busca cresce em importância à sombra deste paradoxo. Eles são o nosso guru, nosso Virgílio, desbravando os segredos das esferas de informação.

Virgílio, personagem de A Divina Comédia, de Dante
http://goo.gl/g8tz2

Cada uma dessas infinitas esferas é composta de infinitas subesferas que estão na extremidade da cauda, prontas para serem descobertas.

Conhecimento e coletividade

Figura 9. *Omnis sapientia a Domino Deo*, Brasão do Bispo de Asti (1867 – 1881)

Em tempos onde as verdades absolutas não são questionadas e a sabedoria das multidões vira pretexto para justificar os mais inusitados acontecimentos, contrariar a máxima do ditado latino "Vox Populi, Vox Dei" soa tão perigoso quanto foi afirmar perante o tribunal da Santa Inquisição que a Terra era redonda e que não era o centro do universo. Enquanto a unanimidade perpetua o senso comum, o contraponto da divergência, a polêmica e o ponto fora da curva geram inovação.

SUROWIECKI, James. **A Sabedoria das Multidões.** São Paulo: Record, 2006

A Sabedoria das Multidões (*The Wisdom of Crowds*) é o título do livro de James Surowiecki, publicado em 2004, que aborda como quase sempre as decisões ou escolhas feitas por um grupo são melhores do que se fossem feitas por qualquer um dos membros deste grupo. Alguns autores e pesquisadores preferem optar pelo termo "Inteligência Coletiva" para ilustrar essa mesma linha de pensamento.

Este conceito foi usado pelas empresas para justificarem seus modelos colaborativos (alguns fantásticos, outros nem tanto) da então nascente e logo intitulada web 2.0, após o estouro da primeira bolha da internet por volta de 1999/2000. Foi nessa época que todos passamos a ser coautores da rede – ou, como gostam de dizer os americanos, "prosumers", que é a junção das palavras "producers + consumers". Em português seria algo como "prossumidores", ou seja, "produtores + consumidores". Era o mundo dos blogs, das wikis e das plataformas sociais colaborativas que começava a tomar força.

Passados treze anos, todas essas questões agora ganham uma reverberação ainda maior dentro da realidade entrópica das redes sociais: autoria, coautoria, *crowdsourcing*, engajamento, viralização e privacidade são pontos estratégicos a serem considerados pelos indivíduos ou pelas instituições que desejam assumir e monitorar a gestão de suas presenças nas múltiplas plataformas de relacionamento social.

Gostaria de citar um trecho do excelente artigo que o Marcelo Bastos escreveu para o site do HSM inspirado na fala de Kathy Sierra (programadora e designer de jogos), onde é estabelecido um paralelo entre inteligência coletiva e o que Kathy chama de "burrice das multidões":

Burrice das multidões ou Inteligência coletiva?
http://goo.gl/bdjgN

- Inteligência coletiva é um monte de gente escrevendo resenhas de livros na Amazon. Burrice das multidões é um monte de gente tentando escrever um romance juntos.

- Inteligência coletiva são todas as fotos no Flickr, tiradas por indivíduos independentes, e as novas ideias criadas por esse grupo de fotos. Burrice das multidões é esperar que um grupo de pessoas crie e edite uma foto juntas.

- Inteligência coletiva é pegar ideias de diferentes perspectivas e pessoas. Burrice das multidões é tirar cegamente uma média das ideias de diferentes pessoas e esperar grande avanço.

44

Voltando à Surowiecki, uma "multidão sábia" é estruturada em quatro pilares:

1. Diversidade de opiniões

2. Independência

3. Descentralização

4. Agregação

A crítica mais contundente deste modelo é o efeito cascata que acontece quando as pessoas observam as decisões dos outros para depois fazerem a mesma escolha feita pelos primeiros, não levando em consideração os seus próprios critérios. Artigos copiados, tuítes retuitados e conteúdos compartilhados sem a confirmação da sua veracidade ou relevância – é daí que nascem os *trolls*, os *fakes...*

A web e o macaco infinito

O Teorema do Macaco Infinito tenta demonstrar que se fornecermos um número infinito de máquinas de escrever a um número infinito de macacos, em algum dado momento eles criarão uma obra prima como uma peça de Shakespeare ou um tratado de economia. A probabilidade, ainda que remotíssima e bizarra, existe...

Figura 10. Ilustração do livro "Brehms Tierleben" (Brehm's Life of Animals) de Alfred Edmund Brehm (1829–1884)

Este teorema é definido por bases matemáticas complexas, que envolvem teorias de probabilidade e estatística, e pode ser exemplificado da seguinte maneira:

> Suponha que uma máquina de escrever tenha cinquenta teclas, e a palavra a ser escrita seja "banana". Teclando-se aleatoriamente, a chance de a primeira letra teclada ser b é 1/50, e a chance de a

segunda ser a é também 1/50, e assim por diante, porque os eventos são independentes. Então a chance de as seis letras formarem banana é:

$$(1/50) \times (1/50) \times (1/50) \times (1/50) \times (1/50) \times (1/50) = (1/50)6$$

Infinitos macacos em infinitas máquinas de escrever em um infinito período de tempo poderiam aleatoriamente, em certo momento, combinar todas as letras necessárias e na ordem correta para escrever Os Lusíadas. *Poderiam...*

Andrew Keen, autor do polêmico livro "O Culto do Amador" (em inglês, "The Cult of Amateur"), traz neste livro uma metáfora interessante e uma possível aplicação e/ou verificação deste teorema, indo além dos modelos matemáticos. Ele questiona os seguintes itens, aqui adaptados livremente:

1. A tecnologia tornou-nos bilhões de indivíduos alimentando o sistema com nossos pensamentos aleatórios ou escolhidos, consistentes ou incoerentes, tendenciosos ou imparciais.

2. Nossos smartphones, tablets, computadores e demais dispositivos multiplicam-se quase ao infinito, tornando-se poderosos dispositivos de entrada de dados.

3. Cada indivíduo desta infinidade tem a sua versão da realidade, cada indivíduo é o senhor da sua própria verdade.

4. A combinação destas múltiplas verdades pode nos levar a um consenso, a um conteúdo coeso universal?

5. Estaríamos aleatoriamente combinando teclas ou estamos redigindo uma obra prima coletiva?

Teorema do macaco infinito
http://goo.gl/Z7HlG

KEEN, Andrew. **O culto do amador:** como blogs, MySpace, YouTube, e a palavra digital estão destruindo nossa economia, cultura e valores. Rio de Janeiro: Zahar, 2009.

6. Quem organiza, compila e classifica todo este conteúdo? Esse papel é necessário?

7. Quanto mais nos aproximamos da infinidade, mais temos chance de responder a esta questão?

Keen tem uma visão extremamente cética e pessimista deste cenário. Segundo ele, a internet está matando nossa cultura e a combinação caótica de conteúdo nos leva a um esvaziamento, e não ao arrebatamento intelectual.

Bom contraponto ☺.

A resposta semântica

Para nossa alegria
http://goo.gl/SSFNH

- Um vídeo de uma família cantando um refrão que exalta a alegria tornar-se um *hit* popular e mobiliza pessoas, empresas e patrocinadores.

Gina Indelicada
http://goo.gl/FMbdW

Plágio em Gina Indelicada
http://goo.gl/LW8rZ

- Uma embalagem de palitos de dente que responde de maneira indelicada aos anseios da humanidade ressuscita uma empresa estagnada e torna-se *case* internacional de marketing (sendo plágio ou não).

Ecce Homo
http://goo.gl/mprDZ

- Uma senhora de mais de oitenta anos tenta restaurar um quadro e o resultado desastroso é referenciado como uma manifestação *pop-cult* de força mundial.

Certamente você foi bombardeado pelo sucesso desses fenômenos nos últimos tempos. Isso é a construção da inteligência coletiva de uma sociedade? Ou é um evento aleatório e inexplicado gerado pela combinação inusitada de infinitos usuários em seus infinitos dispositivos expressando seus infinitos pontos de vista?

Prefiro acreditar na segunda opção. Depois que esses eventos aconteceram, sociólogos e programadores justificam e explicam suas teorias e comunicólogos e palestrantes justificam suas estratégias.

Por que não é possível prever como e quando um fenômeno deste poderá ocorrer? Como combinar elementos e conceitos semelhantes para reproduzi-los em contextos diferentes e em prol dos nossos negócios e empresas?

O Garra, personagem de
Toy Story
http://goo.gl/oYys3

A busca é comandada por um algoritmo. Algoritmo este que mora e trabalha nas nuvens e que indexa os petabytes da informação. O algoritmo é o Garra (parafraseando Toy Story), é ele quem escolhe quem vai e quem fica.

Como ser amigo do algoritmo? Como ter informações privilegiadas sobre seus gostos? Como saber seus próximos passos? Fácil, dando a ele o que ele mais gosta: dados semânticos.

A semântica é o estudo dos significados. Ela está presente na linguística, na ciência, na literatura, na música, na tecnologia e no design. Ela procura estabelecer a relação entre palavras, frases, sinais, códigos, símbolos e o universo que eles representam. Dados semânticos são dados enriquecidos de ligações e relações que podem se desmembrar em infinitos subníveis. Você pode ir de Santos Dumont à Casa do Pão de Queijo tendo Minas Gerais como interlocutor semântico dessas duas extremidades.

Dados semânticos são organizados em espirais infinitas que interligam significados. Na web essas espirais podem ser organizadas (dentre outras maneiras) a partir de recursos conhecidos como "microformatos", cujos padrões podem ser definidos por esquemas e metodologias de classificação (como por exemplo *schema*) que buscam "fechar" o grande *looping* do conteúdo:

Schema
http://schema.org/

Dados > Informação > Conhecimento > Inteligência

Produzir conteúdo relevante e semântico é uma tarefa multidisciplinar que vai do planejamento estratégico até a marcação rigorosa de código.

Definitivamente, agradar ao algoritmo não é tarefa para amadores. Houve uma época em que o algoritmo se contentava com uma *tag* `title` bem definida, um `h1` no lugar certo, links de peso, ou seja, o velho testamento do SEO (*Search Engine Optimization*).

Esta era passou. O algoritmo está cada vez mais exigente, e seu prato preferido, a semântica, não pode ser servido de qualquer jeito. Um pouco de sal a mais ou a menos desanda toda a receita.

50

Todo conteúdo publicado na web pode, teoricamente, ser interligado semanticamente pelos seus significados, e quando os dispositivos e receptores de mídia entenderem totalmente o conteúdo inserido e exibido neles poderão oferecer soluções que hoje ainda não são possíveis.

A semântica pode ser a fórmula para um viral de sucesso, que muitos publicitários tentam em vão garantir para o cliente. E quem sabe até para que fenômenos como Nossa Alegria, Gina Indelicada e Jesus Restaurado possam ser planejados, fabricados e introduzidos no sistema de maneira consciente e não aleatória e imprevista, como hoje acontece. Não existe uma resposta pronta, mas certamente a semântica faz parte dela.

A importância dos significados na era da busca

Toda mensagem necessita de um código, um conjunto de signos organizados segundo regras preestabelecidas. Quem emite uma mensagem utiliza estes signos para construí-la, fazendo o papel de codificador. Quem a recebe faz a decodificação.

É certo que, quanto maior o repertório de signos em comum, mais eficiente será o processo de comunicação (codificação/decodificação), mas este não é o único parâmetro para medir a eficácia do processo comunicacional.

Em seu livro "Usos da Linguagem", Francis Vanoye aponta o referente (contexto) como um ingrediente fundamental, e eu concordo totalmente. Para que este processo seja o melhor possível, ele é dividido em dois tipos:

VANOYE, Francis. **Usos da Linguagem**. São Paulo: Martins Fontes, 1981

- **Referente Situacional:** é formado pelos elementos circunstanciais em que se encontram o emissor e o receptor da mensagem. Quando um árbitro de futebol diz "Falta!" ele se refere a uma situação específica daquele momento, claramente entendida pelos personagens envolvidos naquela cena.

- **Referente Textual:** é formado pelos elementos das circunstâncias linguísticas, independente do contexto. Cada palavra ou frase estabelece relações com os outros elementos textuais que as cercam, criando um elo de significados.

Estas questões tomam uma dimensão maior quando as confrontamos com a época digital em que vivemos, chamada por muitos de "A Era da Busca". O ato da busca não é em si novidade alguma, já que esta tem sido uma necessidade básica da humanidade há milênios. O que mudou radicalmente foi a forma como agora interagimos em tempo real com buscadores e buscados, construindo relações de confiança e credibilidade mediadas por algoritmos.

O referente textual tem que ser alimentado de maneira consistente e coesa; por isso que estratégias de comunicação e posicionamento na web baseadas em marketing de conteúdo submetem informações e dados aos buscadores, que permitem o fortalecimento do nível de relevância dos resultados apresentados pelos mecanismos de busca. Relevância é uma das palavras-chave deste processo, que privilegia uma boa e lógica construção textual.

De nada adianta esta estruturação textual, ou seja, o seu conteúdo, estar camuflada ou oculta em camadas de aplicações não indexáveis, como, por exemplo, estruturas de código fechadas ou mal projetadas e formatos proprietários de documentos não abertos. A web, quando estruturada semanticamente, é um lugar fantástico para a criação de conteúdo codificado de maneira que tenha significado tanto para os seres humanos como para os dispositivos e/ou sistemas.

É a marcação semântica que confere flexibilidade e ubiquidade ao conteúdo, já que este pode ser facilmente portado, adaptado, modificado e modularizado sem perder a sua essência, o seu significado e sua relevância, tornando possível o sonho máximo do mercado produtor de conteúdo digital: COPE – *Create Once Publish Everywhere* (Criar uma vez e publicar em todos os lugares).

Hoje podemos, certamente, introduzir um novo elemento nesta frase:

Criar uma vez, publicar em todos os lugares e ser encontrado por todos!

Por outro lado, o referente situacional é estruturado principalmente a partir da tríade SoLoMo (*Social, Location & Mobile*), ou seja, nas estratégias baseadas em soluções integradas às redes sociais, em geolocalização e compatíveis com todas as plataformas e dispositivos móveis.

Os significados estabelecidos através da interligação de dados semânticos oriundos do conteúdo distribuído a partir do cruzamento das informações extraída de redes sociais e informações localizadas criam uma trama altamente relevante.

Em uma estratégia comunicacional ideal de análise e cruzamento de dados, os referentes textuais e situacionais se completam fornecendo aos mecanismos de buscas matéria-prima rica de significados, mas para que isto aconteça de fato é imprescindível o uso de tecnologias e plataformas abertas e semânticas.

O que hoje vemos de significado filtrado pelas redes sociais é apenas a crista da onda de dados. Um oceano de informações está esperando para ser explorado.

Não é à toa que *Big Data, social computing* e mobilidade nascem como palavras de ordem para esta segunda década do século XXI, que tem como desafio transformar dados (*commodities*) em significados (conhecimento, produtos e serviços).

Cloud computing, mobilidade, social business e Big Data – as principais tendências da TI para 2013
http://goo.gl/0ouzR

Signo, significante e significado na web

O linguista francês Émile Benveniste (1902 – 1976) dizia que a linguagem é um sistema de signos socializado, ou seja, seus elementos só adquirem significado quando inseridos em contextos de inter-relação, pois cada signo por si só não possui significado relevante. Por este motivo é que os conceitos de linguagem e cultura não existem isoladamente – cada cultura, cada época e cada tecnologia constrói e articula sua linguagem de maneira a atender a seus mais variados interesses e necessidades. Nada mais atual em tempos de *Big Data* e da avalanche de informações provida pelos conteúdos das redes sociais!

Émile Benveniste
http://goo.gl/w8kl2

Figura 11. Lápis escolar da Hungarian Stationery Factory (ÍGY), Budapeste, 1963.

O signo é o átomo da linguagem, ele é a unidade fundamental de entendimento de um código e pode ser decomposto em dois níveis de compreensão:

- **Significante:** é o elemento tangível, perceptível, material do signo.

- **Significado:** é o conceito, o ente abstrato do signo.

Vamos tentar exemplificar: podemos ouvir o som ou ver a grafia da palavra "lápis" se ela for dita ou escrita. Esse som ou essa imagem são significantes de um só significado, o conceito de um lápis – "instrumento para escrever ou desenhar geralmente construído a partir de pedaço de grafite revestido de madeira". Este significado pode ser explicitado em um objeto real, atribuindo-se a ele uma instância, um referente:

- O meu lápis 6B.

- O lápis que está dento do seu estojo.

- O lápis vermelho em cima da mesa.

O conjunto de signos dentro de uma linguagem e mais especificamente dentro de uma língua é conhecido como léxico. Por exemplo, o iDicionário Aulete (Projeto Caldas Aulete desenvolvido pela Lexikon) aponta mais de 818 mil verbetes para a língua portuguesa, incluindo definições e locuções em constante atualização. O léxico pode ser agrupado em subgrupos específicos, como, por exemplo, o léxico da engenharia, o léxico da arquitetura, o léxico de Machado de Assis. Teoricamente, o léxico de uma língua é infinito.

iDicionário Aulete
http://aulete.uol.com.br

O léxico é organizado e articulado através de um conjunto de regras conhecido como sintaxe. É ela que permite transformar conjuntos de elementos em elementos estruturados. Segundo a Gramática de Faraco & Moura, na língua portuguesa a sintaxe define:

- A **concordância**, que estabelece regras para a flexão das palavras em gênero, número, grau e pessoa.

- A **regência**, que define a relação entre palavras e expressões.

- A **colocação**, que organiza a ordem das palavras dentro de uma frase e das frases dentro do texto.

- A **análise sintática**, que classifica a função das palavras e orações.

Para o profissional de comunicação digital, que pensa, cria e compartilha conteúdo, é fundamental o conhecimento dos aspectos que envolvem a estruturação da linguagem, já que a combinação das múltiplas linguagens verbais e não verbais cria sistemas autorrepresentativos, onde a fusão de elementos propicia uma maior consistência e eficiência no processo comunicacional, o que costumamos chamar de multimídia, convergência multimidiática, transmídia & cia.

Também na web, o conhecimento da estruturação linguística é fundamental, não esquecendo que a linguagem utilizada pelos navegadores, o HTML, não é uma linguagem de programação, mas de marcação.

As linguagens de marcação remontam à época em que os profissionais revisores de textos marcavam indicações nos documentos de maneira que estes elementos fossem facilmente reconhecidos dentro do texto final que seria entregue para o leitor. Na moderna indústria editorial, hoje totalmente digitalizada, as linguagens de marcação permitem a comunicação entre autores, editores e impressoras.

Além do segmento editorial, as linguagens de marcação são amplamente utilizadas na web em setores que demandem a interoperabilidade entre dispositivos, sistemas e plataformas distintas.

SGML
http://goo.gl/ASnj0

As atuais linguagens de marcação têm como ancestral comum o SGML (*Standard Generalized Markup Language*), que por sua vez evoluiu da GML (*Generalized Markup Language*), desenvolvida pela IBM no começo da década de 60 por Charles Goldfarg, Edward Mosher e Raymond Lorie. O SGML surgiu aproximadamente na mesma época da internet e do sistema Unix.

Algumas linguagens de marcação, como o HTML, aceitam formatação semântica de apresentação, ou seja, permitem que se defina de que maneira a informação será mostrada para o usuário, especificando cor, tamanho, tipografia, diagramação e demais elementos visuais. Outras linguagens, como o XML, não possuem uma semântica de apresentação predefinida.

É possível estabelecer uma abordagem linguística para o estudo, a interpretação e o uso das linguagens de marcação na web, principalmente em se tratando de HTML5, onde a semântica (vamos falar muito dela por aqui) tem um papel fundamental.

	Português	HTML
Signo	Lápis	`table`
Significante	A palavra lápis grafada corretamente: lápis	O elemento table grafado corretamente: `<table>`
Significado	Instrumento para escrever ou desenhar geralmente construído a partir de pedaço de grafite revestido de madeira	Elemento que representa dados em pelo menos duas dimensões no formato de tabela
Léxico	É o vocabulário, o conjunto das palavras: casa, pedra, sapato...	São todos os elementos do HTML, o conjunto das *tags*: `title`, `article`, `video`
Sintaxe	São as regras de concordância, regência, construção e disposição dos elementos.	São as regras de construção e disposição dos elementos, regras para fechamento e/ou aninhamento de elementos, regras para uso de aspas e barras.
Referente	O lápis vermelho em cima da mesa.	`<table id="precos" class="colorida">`

Mesmo que ainda não "mergulhemos" totalmente nas implicações semânticas do HTML5, é possível constatar a importância da estruturação e aplicação correta do código e da sintaxe do HTML em qualquer uma de suas versões, para garantir que a parceria significado/referente estabeleça uma relação de verossimilhança com os objetos e conteúdos aos quais desejamos exibir e distribuir.

Este cuidado no uso da linguagem potencializa a eficácia da indexação do conteúdo e da compreensão da mensagem e permite a reutilização de dados por diferentes sistemas e dispositivos. Não menospreze o poder de uma linha de código, de um elemento textual ou imagético, de uma melhor prática de uso da sintaxe e dos significados. Esses itens podem ser a diferença no universo do *Big Data*, garantindo que seu conteúdo, produto, serviço tenha a relevância pretendida.

O que é semântica?

Semântica é o estudo dos significados. Esta é uma maneira correta, porém extremamente simplificada, de definir esta particularidade do estudo dos fenômenos relacionados à linguagem.

MACEDO, Walmirio.
O livro da semântica:
estudo dos signos linguísticos. Rio de Janeiro: Lexikon, 2012

Walmirio Macedo, autor do "Livro da Semântica: Estudo dos signos linguísticos", aponta três esferas para uma abordagem holística da problemática semântica: lógica, psicológica e linguística.

- **Lógica:** estabelece as relações do signo com o universo real.

- **Psicológica:** envolve os aspectos comunicacionais e ganha corpo quando se estabelecem as relações referenciais de interpretação entre emissor e receptor.

- **Linguística:** envolve os aspectos técnicos inerentes à formatação do código e da linguagem.

Por razões óbvias, é na linguagem falada que a semântica assume sua maior parcela de importância.

A complexidade das relações entre a linguagem pensada/falada/escrita pelos humanos e a linguagem codificada/decodificada binariamente pelos sistemas e dispositivos pode criar um abismo cognitivo na interpretação das mais simples tarefas. Quem nunca passou pela, às vezes irritante, contribuição dos mecanismos tentando nos ajudar: *você quis dizer...?*

Apesar do aparente sucesso e da rápida evolução das interfaces, estamos na pré-história das relações semânticas homem-máquina. Estamos construindo juntos o léxico, a sintaxe e semântica de uma nova sociedade, mediada por algoritmos.

Para diminuir esse abismo cognitivo e léxico, o conteúdo não pode ser articulado livremente, amontoando-se e justapondo-se aleatoriamente ou com pouca consistência – ele precisa estar "amarrado" na dualidade Conjunto X Estrutura.

Segundo Walmirio Macedo, conjunto é um conglomerado de elementos, uma lista, uma coleção. Estrutura é um conjunto cujos elementos se encadeiam e se articulam entre si. Uma pilha de tijolos é um amontoado; quando ordenados e amalgamados vira uma parede.

A noção de estrutura, de que a noção do todo é maior do que a simples soma das partes, estabelece uma relação íntima com outro aspecto importante do entendimento semântico: a gestalt. Mas isso já é assunto para uma outra oportunidade...

Web Semântica

Figura 12. Logo Web Semântica (W3C)

Rótulos. Alguns dizem que são um "mal necessário" da contemporaneidade, buscando "taguear" e "hashtaguear" tudo e todos por pura comodidade. Outros dizem que o mercado exige nomes rápidos e fáceis para justificar a rápida aceitação de novos produtos, serviços e tecnologias. Neste cenário alguns rótulos são inofensivos, mas outros prestam um desserviço ao entendimento dos conceitos que eles tentam representar. É o caso da tão (erroneamente) difundida divisão da web em 1.0, 2.0 e 3.0.

O'Reilly Media, Inc
http://oreilly.com/

Beta Perpétuo
http://goo.gl/xJ6lV

Conteúdo Gerado pelo Consumidor
http://goo.gl/WgY9l

Dizia-se que a web 1.0 era a web unidirecional, onde usuários eram consumidores, receptores. Depois veio a web 2.0, termo largamente difundido pela O'Reilly que retratava a web como uma plataforma colaborativa em constante atualização (Beta Perpétuo), ou, simplificando, a web das wikis, dos blogs, das redes sociais e do conteúdo produzido pelo usuário/consumidor (UGC – *User-Generated Content*).

E só depois finalmente chegaríamos, por volta de 2010, na web 3.0: a tão sonhada Web Semântica. Só que não ☺.

Tim Berners-Lee dizia já em 2001, no seu livro "The Semantic Web: A new form of Web content that is meaningful to computers will unleash a revolution of new possibilities", publicado juntamente com James Hendler e Ora Lassila:

> A web semântica não é uma web separada, mas uma extensão da atual na qual a informação adquire um significado específico bem definido, permitindo que computadores e pessoas trabalhem em cooperação. Os primeiros passos para tecer uma estrutura semântica para a web já foram dados.

Mesmo antes disso, em 1999, Tim já plantava as sementes da semântica no livro "Weaving the Web – The Original Design and Ultimate Destiny of the World Wide Web":

> Se o HTML e a web fizerem todos os documentos online como um enorme livro, modelos de representação e inferência de dados como RDF e Schema poderão transformar todos os dados espalhados pelo mundo em uma base de dados única.

> A web nasceu livre e universal, sua essência consiste em poder ligar 'qualquer coisa com qualquer coisa', aí está o seu poder.

A atual visão do W3C sobre a Web Semântica se mantém fiel aos ideais originais de Tim Berners-Lee, estabelecendo uma abordagem claramente centralizada em dados interligados organizados com a ajuda de ferramentas com as quais as pessoas possam criar repositórios de dados na web, construir vocabulários de significados e escrever regras para a manipulação dessas informações. Todo este cenário é viabilizado por tecnologias como o RDF, SPARQL, OWL e SKOS. Vamos apresentar os principais "personagens" da Web Semântica:

The Semantic Web – A new form of Web content – Preview na Scientific American
http://goo.gl/tID4H

Weaving the Web: The Original Design and Ultimate Destiny of the World Wide Web
http://goo.gl/Ump7k

O W3C Brasil adota a expressão dados linkados
http://goo.gl/kvamu

Semantic Web (W3C)
http://goo.gl/6azUZ

Dados interligados

Adaptado do inglês "linked data", este termo também é utilizado no Brasil na forma livremente traduzida "dados linkados". A Web Semântica é uma rede de dados, mas para torná-los "palatáveis" e "digeríveis" é preciso formatá-los em padrões acessíveis e administráveis pelas ferramentas e pelos usuários finais deste conteúdo.

Um conjunto de dados por si não caracteriza uma rede semântica, e sim as relações entre estes dados. A esta relação damos o nome de *linked data*, dados linkados ou dados interligados.

Ontologias

São os vocabulários escolhidos para definir o nível de relacionamento entre os dados. Esses vocabulários são como uma entidade que atua como desambiguadora de termos ou como uma potencializadora e integradora de significados quando os dados carecem de maior poder semântico.

What is a Vocabulary?
http://goo.gl/my60f

> Por exemplo, a aplicação de ontologias no domínio da área da saúde. Os profissionais médicos as usam para representar o conhecimento sobre sintomas, doenças e tratamentos. As empresas farmacêuticas as usam para representar informações sobre medicamentos, dosagens e alergias. Combinando estes conhecimentos, das comunidades médica e farmacêutica, com os dados do paciente é possível uma ampla gama de aplicações inteligentes, tais como aplicativos de apoio à decisão para possíveis tratamentos, sistemas que monitoram a eficácia dos medicamentos, efeitos colaterais e ferramentas que auxiliam na investigação epidemiológica.

O conhecimento é um ser vivo, orgânico, ele se ramifica em livros, jornais, bibliotecas, centros de pesquisa, empresas, instituições governamentais, na gigantesca arena do conteúdo gerado pelo usuário (*User-Generated Content* – UGC) as redes sociais.

Este universo de especificidades e peculiaridades intrínsecas a cada um desses segmentos requer um amplo portfólio de vocabulários para padronizar as inter-relações de seus dados. Os principais vocabulários, e recomendados como padrão pelo W3C, são:

- RDF e RDF *Schemas*

- *Web Ontology Language* (OWL)

- *Simple Knowledge Organization System* (SKOS)

- *Rule Interchange Format* (RIF)

O W3C organiza um diretório que reúne os mais relevantes *cases* sobre as aplicações da Web Semântica, que mostra na prática como esses vocabulários são usados por empresas e instituições para extraírem o máximo proveito das relações semânticas dos dados interligados: *Semantic Web Case Studies and Use Cases*.

Queries (consultas)

As *queries* (forma plural de *query*) são um conceito bastante complexo dentro das linguagens de programação, mas que no contexto deste livro podem ser interpretadas como consultas, como tecnologias que possibilitam a recuperação de informações incrustadas na rede.

Considerando-se, como já vimos, que a Web Semântica é a organização estruturada em relações de significados de um infinito banco de dados, o uso de ferramentas e linguagens específicas para consultar e filtrar todo esse conteúdo é imprescindível.

SPARQL (*SPARQL Protocol and RDF Query Language* – Linguagem de Consulta e Protocolo de Acesso a Da-

RDF e RDF Schemas
http://goo.gl/606Pg

Web Ontology Language (OWL)
http://goo.gl/HQX1U

Simple Knowledge Organization System (SKOS)
http://goo.gl/eAk8y

Rule Interchange Format (RIF)
http://goo.gl/Emj6A

W3C: Semantic Web Case Studies and Use Cases
http://goo.gl/U970M

SPARQL
http://goo.gl/TWLDz

dos em RDF) é a linguagem padrão recomendada pelo W3C para a consulta de dados na Web Semântica.

Inferência

O conceito de inteligência artificial gera expectativas positivas e negativas para os cenários futuros vislumbrados para a humanidade.

- Poderão os dispositivos e sistemas, a partir das informações a eles fornecidas por nós, estabelecer suas próprias relações de significado?

- Estas relações poderão ajudar, facilitando e automatizando decisões que são desgastantes e complexas para nós?

- Teremos que impor regras e limites para que estes dispositivos e sistemas tomem ou não suas próprias decisões, a partir desses significados por eles construídos?

Nessas horas todos se lembram das Três Leis da Robótica de Isaac Asimov ☺:

1. Um robô não pode ferir um ser humano ou, por omissão, permitir que um ser humano sofra algum mal.

2. Um robô deve obedecer às ordens que lhe sejam dadas por seres humanos, exceto nos casos em que tais ordens entrem em conflito com a Primeira Lei.

3. Um robô deve proteger sua própria existência desde que tal proteção não entre em conflito com a Primeira e/ou a Segunda Lei.

Dentro dos estudos da Web Semântica, inferência é a possibilidade da descoberta de novos relacionamentos entre os termos utilizados e seus significados. Ela permite que processos automáticos estabeleçam novos conjuntos de regras, novas relações que podem (ou não, se para isso o sistema for programado) ser absorvidas e implementadas.

Isaac Asimov enuncia suas Três Leis da Robótica
http://goo.gl/YIroK

Um sistema inteligente não pode ser entupido com trilhões de fatos. Tem de ser equipado com uma lista menor de verdades essenciais e um conjunto de regras para deduzir suas implicações. (Steven Pinker)

PINKER, Steven. **Como a mente funciona**. São Paulo: Companhia das Letras, 1999

Novas possibilidades semânticas do HTML5

Muitas das marcações novas do HTML5 chegaram para aumentar a capacidade semântica do código, isto é, aumentar o seu poder de representação e significado.

Novos elementos como `article`, `section` e `nav` (artigo, seção e navegação) fazem sentido não só para a sintaxe do código como também para interpretação humana, pois possuem um significado que transcende a linguagem da máquina e estabelece uma relação direta com a nossa maneira de organizar o conteúdo para a web.

Os mecanismos de busca também estão sendo (aos poucos) impactados quando marcamos e distribuímos as informações através de elementos que carregam um nível de significado mais rico, pois conseguem estabelecer novas relações de relevância e hierarquia no conteúdo.

Semântica dos elementos estruturais do HTML5

Os elementos estruturais não foram as únicas novidades semânticas do HTML5; também outros elementos como `mark`, `track` e `time` adicionam significados mais específicos ao conteúdo. No meu livro "HTML5 – Embarque Imediato", descrevo os novos elementos da linguagem HTML5 e também aqueles que sofreram alterações semânticas em seus signifi-

FLATSCHART, Fábio. **HTML5**: Embarque Imediato. Rio de Janeiro: Brasport, 2011

HTML5 – Embarque
Imediato (Exemplos de
Código)
http://goo.gl/Fzh02

A era pós-device, por
Clécio Bachini
http://goo.gl/rhPfG

cados. Grande parte deste material, com vários exemplos de código, está disponível para consulta online.

Porém, considero importante aqui apontar as mudanças semânticas estruturais, pois elas ao poucos passam a ser o "novo esqueleto" que influenciará os profissionais de design, arquitetura da informação e comunicação. Com a explosão dos dispositivos e a chegada da era pós-*device*, o conteúdo precisará cada vez mais da fluidez e adaptabilidade dos elementos estruturais, que deverão se adequar a um novo universo de distribuição de conteúdo.

`article`: este elemento representa um conteúdo independente e altamente relevante – pode ser um *post*, um artigo, um bloco de texto ou ainda um miniaplicativo embutido no conteúdo (*widget*).

Pode marcar o conteúdo do documento a ser distribuído via RSS, indicado para impressão ou encaminhado por e-mail devido à sua importância dentro do contexto geral do site ou da página. Normalmente é considerado o ponto central do conteúdo do documento.

`main`: de acordo com a W3C, o elemento recentemente adicionado ao HTML `main` define a seção de conteúdo principal de um documento, incluindo o conteúdo que é único a este documento e excluindo conteúdos que se repetem em demais seções dos documentos, tais como links de navegação do site, informações de *copyright*, logotipos e *banners*.

`aside`: este elemento define um bloco de conteúdo que faz referência ao conteúdo principal que o cerca. Pode estar ou não em uma barra lateral (*sidebar*) exibindo informações contextuais, assuntos relacionados, conteúdo publicitário ou um grupo de navegação secundária.

Quando usado dentro de um elemento `article`, seu conteúdo está diretamente relacionado com o conteúdo do artigo; quando usado fora de um elemento `article`, está relacionado com o conteúdo global do documento, como, por exemplo, uma lista de links de um blog (*blogroll*), blocos de navegação complementar e também publicidade relacionada com conteúdo do documento.

`footer`: este elemento marca a área inferior, normalmente conhecida como rodapé, do conteúdo geral do documento ou do conteúdo de uma seção específica a qual ele está subordinado.

Pode conter um cabeçalho próprio com bloco de navegação que aponta para informações como nome do autor, links para aprofundamento (saiba mais), links relacionados, ou ainda uma lista de comentários de um blog. Bruce Lawson, autor do livro "Introducing HTML5", diz que `footer` é o elemento que "fecha a conta" de uma seção ☺.

Introducing HTML5
http://introducinghtml5.com

`header`: este elemento é um bloco de conteúdo que pode conter um ou mais elementos `h1` até `h6`, campo de busca, elementos de navegação, um logo ou *banner*, uma introdução, um pequeno prefácio ou um índice em formato de lista.

Normalmente trabalha como um agregador do conteúdo do cabeçalho de um documento ou de uma seção.

`nav`: este elemento marca a seção do documento que agrupa links para outras partes do site ou aplicativo.

Vale ressaltar que o grupo de links do elemento `nav` está relacionado com a navegação primária ou global e pode estar no cabeçalho, no rodapé ou em outras seções do documento.

Podem também fazer parte do elemento `nav`:

- *breadcrumbs* (navegação estrutural).

- botões de navegação do tipo anterior e próximo (quando estes se referirem à navegação principal do site).

EPUB 3 Overview
http://goo.gl/HJq4N

O formato aberto de livros digitais baseado em HTML5, o EPUB 3, utiliza o elemento `nav` para a construção do índice geral (sumário) do conteúdo.

`section`: entre todos os elementos que marcam e definem a estrutura do documento, o `section` é o que possui menor especificidade em sua semântica. Ele pode abrigar os elementos `header` e `article` e sua principal função é dividir o conteúdo em macroestruturas, em blocos.

Quando um bloco estrutural tiver características únicas de relevância dentro do conteúdo, como, por exemplo, um *post* de um blog a ser distribuído via RSS, é aconselhável que seja marcado com o elemento `article` e não `section`.

De um modo geral:

- Não usar `section` apenas para marcar um elemento genérico – este papel cabe ao elemento `div`.

- Antes de marcar um bloco como `section` verifique se não é adequado utilizar elementos mais específicos como: `article`, `aside` e `nav`.

- Em um típico elemento `section` normalmente cabe um elemento `header` ou `h1` até `h6`.

`address`: este elemento, que já era conhecido nas versões anteriores do HTML, agora ganha um novo valor semântico, equiparável ao das seções de conteúdo vistas até agora.

O elemento `address` não é adequado para qualquer endereço físico ou de e-mail; ele é indicado para fornecer estas (e também outras) informações a respeito das pessoas de contato do documento – geralmente o autor do documento ou do responsável pelo conteúdo exibido.

Dentro do elemento `address` não são permitidos, no HTML5, os elementos `aside`, `footer`, `h1` até `h6`, `header`, `nav` e `section`.

Com o HTML5, a maneira pela qual todos esses elementos são articulados dentro da estrutura global do documento ganha agora uma maior relevância no fluxo de trabalho para web, pois dela dependem a perfeita visualização em todas plataformas e dispositivos, a correta indexação do conteúdo pelos mecanismos de busca, a possibilidade de exprimir corretamente as ideias e os conceitos visuais previstos no projeto gráfico (*wireframe*) e uma experiência de navegação acessível e consistente para todos os usuários.

Os designers e desenvolvedores podem agora utilizar esses novos elementos do HTML5 para identificar o cabeçalho, o rodapé, a barra de navegação e outras seções, que antes eram marcadas como um elemento genérico sem valor semântico específico através da utilização do elemento `div`.

Apesar do HTML5 agora oferecer marcações estruturais específicas de valor semântico intrínseco, como `header`, `nav`, `article` e outros, ainda há ocasiões em que o elemento `div` pode ser empregado, por exemplo, para marcar conteúdos que preveem aplicação de estilos (CSS), para aquelas seções que não se enquadram em outras categorias semânticas com as funções de cabeçalho, rodapé, artigo, ou para especificar uma classe particular em algum elemento. Seu principal uso agora é ser um "container" genérico, por isso é recomendável usar o elemento `div` apenas quando não houver um elemento de valor semântico específico para o conteúdo a ser marcado.

Neste novo contexto o papel do designer de interface, webdesigner, *front-end developer*, designer, ou de quem quer que seja responsável pela implementação da marcação HTML, deixa de ser apenas "montador" e se torna um elo fundamental entre as equipes de planejamento, produção e implementação.

Microdados

A especificação de microdados HTML5 é um recurso que permite a marcação de conteúdos semânticos específicos em um documento HTML. Esses conteúdos

HTML Microdata
http://goo.gl/6HjGe

Schema.org
http://schema.org/

fazem referência a um vocabulário controlado específico. É ele quem descreve o que cada fragmento de informação pode representar: dados pessoais, dados institucionais, dados de eventos, dados sobre produtos. Os vocabulários de *microdata* estão disponíveis em schema.org, que até junho de 2011 era chamado de Data-Vocabulary.org. O vocabulário schema.org pode ser usado tanto com microdados quanto com a sintaxe do RDFa.

Google e os microdados

About rich snippets
http://goo.gl/L1tiG

Veja o que o Google fala sobre o uso de microdados:

> Por que usar microdados? Por que não usar RDFa ou microformatos?
>
> Historicamente, temos utilizado três padrões diferentes para marcação de dados estruturados: microdados, microformatos e RDFa. Para facilitar o trabalho dos desenvolvedores decidimos focar apenas no uso de microdados (schema.org). Além disso, um único formato irá melhorar a consistência entre os motores de busca que se baseiam em dados. Há argumentos a serem feitos para preferir qualquer um dos padrões existentes, mas descobrimos que a opção por microdados estabelece um equilíbrio entre os recursos do RDFa e a simplicidade de microformatos.

Vocabulário schema.org
http://goo.gl/W7oWt

O vocabulário schema.org atua em parceria com a formatação dos microdados, acrescentando maior relevância e especificidade ao seu conteúdo, e oferece uma ótima documentação para consulta.

Ferramenta de teste de dados estruturados do Google
http://goo.gl/vO1BS

O Google oferece um ambiente que verifica se os dados estruturados estão corretamente implementados em sua página e que também indica vários exemplos envolvendo marcações específicas para aplicativos, autores, eventos, música, pessoas, produtos, resenhas e receitas.

Wikipédia na academia? Pesquisa e ensino na era da Open Web

– Iara Pierro de Camargo, a convite de Fábio Flatschart

Doutoranda do Programa de Design e Arquitetura da Faculdade de Arquitetura e Urbanismo da Universidade de São Paulo (FAU-USP) e mestre pela mesma instituição, especialista em Design Gráfico pelo Senac e Bacharel em Filosofia pela USP. Leciona nos cursos de Design e Editoração das Faculdades Integradas Rio Branco e das Faculdades Metropolitanas Unidas.

Imagine um mundo em que toda e qualquer pessoa no planeta tem livre acesso à soma de todo conhecimento humano. (Jimmy Wales, fundador da Wikipédia)

Tradução da autora (Wikipédia)

"Bem-vindo à Wikipédia, a enciclopédia livre que todos podem editar". A frase de entrada de um dos sites mais acessados do mundo pode deixar alguns acadêmicos de cabelo em pé. Como professora universitária e doutoranda, confesso ter sido uma acadêmica preconceituosa com relação aos conteúdos da Wikipédia.

Agora, após conhecê-la com mais profundidade por participar do programa Wikipédia na Universidade, no qual produzi, em conjunto com um grupo de alunos, artigos de minha área de pesquisa – Design Editorial – para a Wikipédia em português, passei a admirá-la e a usá-la com menos restrições.

Talvez o fato de a enciclopédia ser livre e editável por qualquer um torne o conteúdo de seus verbetes suspeitos ou mesmo equivocados. Diferentemente de um blog, porém, em que uma pessoa consegue escrever sobre qualquer coisa, da maneira que bem entender, a Wikipédia possui uma série de normas e diretrizes para a edição dos artigos. Quando o protocolo não é seguido, seu artigo pode ser eliminado.

Há alguns anos as enciclopédias que usávamos para pesquisa eram grandiosos, pesados e caríssimos volumes que preenchiam as estantes de diversas famílias mundo afora. Ter uma enciclopédia naquela época podia simbolizar prosperidade financeira e cultural. Minha avó possuía três enciclopédias em sua casa e um quarto inteiro de seu apartamento era dedicado a guardá-las. Eu e meu pai frequentemente visitávamos sua biblioteca de enciclopédias para nossas pesquisas. Lembro-me da dificuldade de procurar os verbetes nessas enciclopédias.

Algumas décadas depois, após o advento da internet, surge um novo modelo de enciclopédia, livre, acessível de qualquer lugar e, principalmente, gratuita.

Jimmy Wales e Larry Sanger lançaram em 15 de janeiro de 2001 este projeto de enciclopédia multilíngue via web, de licença livre e autoria colaborativa. Em 2012, a Wikipédia ultrapassou a marca de mais de 80.000 voluntários, recebendo mensalmente a visita de 450 milhões de pessoas e armazenando mais de 23 milhões de artigos divididos em seus 280 idiomas. A Wikipédia em português contempla 760 mil artigos, enquanto a versão inglesa possui mais de quatro milhões.

Podemos atribuir a importância e a magnitude deste projeto ao fato de ser livre e colaborativo. Em link de uma página da própria Wikipédia, temos a seguinte definição de escrita colaborativa:

Escrita colaborativa
http://goo.gl/ohjC2

> O termo ***escrita colaborativa*** se refere a alguns projetos cujos textos são criados de modo colaborativo, e não de forma individual. Alguns projetos são supervisionados por um editor ou um time editorial, mas muitos crescem sem orientação específica.

Esse ambiente colaborativo e de licença livre pode causar em nós, acadêmicos, certo desconforto por estarmos acostumados à autoridade do autor e às leis de direitos autorais.

Ao usar a Wikipédia, deparamo-nos com textos anônimos, na maioria das vezes escritos e reescritos por muitas pessoas, o que pode também incomodar os defensores das fontes bibliográficas fiáveis e dos argumentos de autoridade de alguns autores de referência.

No entanto, muitos não sabem que há um controle de qualidade dos artigos feito pelos "wikipedistas". Os verbetes devem ser escritos e editados com base em cinco pilares: enciclopedismo, neutralidade de ponto de vista, licença livre, convivência comunitária e liberalidade nas regras.

1. **A Wikipédia é uma enciclopédia, baseada em modelo enciclopédico generalista, especializado e almanaque.** De acordo com este primeiro pilar, A Wikipédia não é um repositório de informação indiscriminada. Este pilar explica o que a Wikipédia não é, a saber: dicionário, rede social, espaço para a inserção de teorias, experiências ou discussões. Explica-se ainda que a Wikipédia não é local apropriado para inserir opiniões, teorias ou experiências pessoais. Todos os editores da Wikipédia devem seguir as políticas que não permitem a pesquisa inédita e procurar ser o mais rigorosos possível nas informações que inserem.

2. **A Wikipédia rege-se pela imparcialidade**. Dessa maneira nenhum verbete deve defender um ponto de vista particular. O tom do artigo deve ser imparcial e objetivo, como o de uma nota jornalística. São necessárias as citações de fontes reputadas e fidedignas.

3. **A Wikipédia é uma enciclopédia de conteúdo livre** que qualquer pessoa pode editar, como diz sua própria página inicial. Por ser livre, os autores dos verbetes, ao publicarem na wiki, automaticamente autorizam qualquer um a modificar e distribuir seu conteúdo. Os autores/editores da wiki não podem violar *copyrights*. Se utilizam texto de um determinado autor, não podem reproduzir a citação original; devem reescrevê-la com suas próprias palavras.

4. **A Wikipédia possui normas de conduta** que implicam no bom comportamento dos "wikipedistas" tanto na redação de seus verbetes quanto na convivência entre eles. Por exemplo, se um editor deletar de má-fé um artigo ou escrever algo que comprometa a qualidade da Wikipédia, este poderá ser penalizado.

5. A Wikipédia não possui regras fixas, em que se explica o fluxo de alterações da enciclopédia e de seu histórico, onde toda informação e alteração é preservada.

Wikipédia: cinco pilares
http://goo.gl/hmVuO

Aprendi sobre esses pilares da Wikipédia em um curso promovido pela Wikimedia Foundation para a formação de professores e alunos, para integrar o programa Wikipédia na Universidade, que propõe o uso da Wikipédia em sala de aula. A ideia é que alunos e professores de áreas específicas colaborem de forma a produzir novos artigos e editar alguns existentes, de modo a incentivar a produção de artigos de qualidade dentro da Academia.

Design professor
encourages students
to improve Portuguese
Wikipedia
http://goo.gl/RbNFK

Feito o curso, eu e meus alunos passamos a editar e traduzir artigos da Wikipédia do inglês para o português. Ao editar, passei a ler os artigos de minha área criticamente. Alguns, é claro, possuíam diversos problemas e muitas deficiências; outros eram muito bem escritos e possuíam boas referências bibliográficas.

Por ainda não sermos muito proficientes na edição com os códigos da wiki, eu e meus alunos passamos a traduzir alguns artigos para o português, pois assim são copiados os códigos que mantêm a estrutura do artigo e troca-se apenas o texto traduzido.

Ao traduzir, encontrei alguns artigos em inglês com incongruências. Por exemplo, o artigo "itálico" de tipografia. Partes do original possuíam boas bases, enquanto outra parte tinha muitos problemas. Traduzi as partes relevantes e incorporei novas referências e imagens, de modo a deixar o verbete em português mais coerente que seu original.

O resultado do trabalho foi bastante gratificante. Adorei contribuir e compartilhar conteúdos para o público.

Dessa experiência entendo que, ao buscar referência para pesquisa acadêmica, deve-se usar a Wikipédia de modo cauteloso, mas, por outro lado, ela se apresenta como um ótimo recurso de pesquisa preliminar ou mesmo para que se tire rapidamente alguma dúvida sobre um assunto qualquer.

De qualquer forma, a discussão sobre a Wikipédia pode tomar diversos rumos, dependendo do ponto de vista de quem o discute. Há quem a ame e há quem a odeie. Mas inegavelmente não podemos deixar de reconhecer sua importância como fenômeno sociocultural.

Hoje a informação é fluida, fragmentada e dispersa, e sempre ouço reclamações de como o ensino e a pesquisa antes da internet eram mais focados ou rigorosos.

Se por um lado a dispersão pode nos deixar menos rigorosos, por outro, fenômenos como a Wikipédia nos facilitam saber de tudo um muito. Se antes para conseguirmos nos locomover em uma cidade devíamos saber de cor todos os caminhos ou levar mapas, hoje temos aplicativos GPS. Antes, quando estava na faculdade, perdia muito tempo tendo que consultar o acervo analógico de uma biblioteca. Hoje consulto online a biblioteca de minha instituição e qualquer biblioteca do mundo.

O rigor na pesquisa e na academia é importante, mas devemos abrir as portas para esse novo tipo de plataforma que se inaugura e para esse conhecimento colaborativo, aberto, não autoral e nem por isso menos importante que é o que se adquire pelas wikis.

Social Interface & Open Web

– Edu Agni, a convite de Fábio Flatschart

iMasters
http://imasters.com.br

UX Designer no iMasters, curador da área de design da Campus Party Brasil, consultor e palestrante. Trabalha há nove anos com projetos nas áreas de usabilidade, interface, interação, criação e web standards.

Todas as possibilidades para uma Open Web transparente, distribuída e interoperável passam inevitavelmente pelo desenvolvimento semântico de sites e aplicações web, para que forneçam significado claro sobre os dados publicados e permitam a leitura e reutilização desses conteúdos pelos diferentes sistemas informacionais.

A grande questão para refletirmos é que dados com significado claro para máquinas não necessariamente terão relevância para os humanos.

Com cada vez mais convicção as pessoas utilizam a tecnologia para suprir ou potencializar certas necessidades sociais, como expressar identidade, alcançar status e autoestima, dar e receber ajuda, pertencer a grupos e ter senso de comunidade.

Essas são necessidades inerentes ao ser humano enquanto ser social, e com isso a tendência das tecnologias é a humanização, por estar cada vez mais presente dentro do nosso contexto social. As pessoas respondem socialmente às suas interações com máquinas e utilizam a web para alcançar uma validação social para suas vidas e atitudes, em um processo de otimização tecnológica do cotidiano (ou colonização digital).

Isso nos mostra que a Open Web precisa de muito mais do que significado para as máquinas, ela precisa de relevância social para as pessoas, e por isso mesmo as interfaces sociais devem estar no centro da concepção dos nossos projetos.

Semântica e SEO
– Núbia de Souza, a convite de Fábio Flatschart

Gerente de Projetos na Buscar SEO, blogueira, ciberativista, apaixonada por Web Analytics e ganhadora do "Design Challenge Interaction South America 11".

Há tempos que os mecanismos de busca vêm nos dando sinais de que devemos o quanto antes nos atentar para o uso da Web Semântica como forma de melhorar a indexação do nosso conteúdo. Estratégias de SEO (*Search Engine Optimization* – Otimização para Mecanismos de Buscas) passaram a ser processos holísticos, ou seja, o profissional de SEO deve "conversar" com todas as áreas a fim de utilizar a melhor estratégia para otimização de um site.

Adicionando marcações semânticas no seu código você não está apenas melhorando-o, você está melhorando a informação que sua página está fornecendo para os motores de busca (buscadores). Com o uso dessas marcações você certamente conseguirá um CTR (*Click-Through Rate*, ou seja, o "número de vezes que seu site aparece nos resultados de pesquisa" X "número de vezes que ele foi clicado") maior da sua página nos resultados de pesquisa, melhorando com isso o número de visitas e até mesmo a quantidade de conversões (vendas, cadastros, comentários) em seu site.

Marcações semânticas facilitam o trabalho de novas tecnologias de pesquisa como o Google Instant, além de melhorar atrativamente seu site nos resultados de busca.

Não existem motivos para não abraçar a Web Semântica. Todo projeto de SEO deve ser um projeto semântico, e todo profissional de SEO deve ser um evangelizador semântico dentro das equipes de tecnologia.

Buscar SEO
http://www.buscarseo.com.br

Design Challenge Interaction South America 11
http://goo.gl/pE3Z0

Google Instant
http://goo.gl/cQwqH

COMUNICAÇÃO E MÍDIA

Fábio Flatschart

Luditas e gurus

O futuro sempre fascinou o homem. Vislumbrar novas possibilidades, novos contextos e novas realidades (virtuais ou não) faz parte da trajetória da civilização desde os seus primórdios.

Esta visão, ou pré-visão, que já foi guiada por rituais mágicos ou escritos religiosos em tempos distantes, aos poucos foi se inserindo no campo da racionalidade, tornando a futurologia uma ciência palpável e com lugar de destaque na academia e no mercado, contribuindo para o planejamento, posicionamento e direcionamento de empresas, marcas e veículos de comunicação.

A rápida ascensão e obsolescência de tecnologias, ferramentas e processos cria ciclos de vida cada vez mais curtos para produtos e serviços. No século XXI, a noção do "continuum" do tempo é contraposto ao "nowismo" da sociedade contemporânea no qual a sensação do presente eterno descolado do passado e ligado diretamente ao futuro nos faz, muitas vezes, tratar os meios de comunicação como uma constante sobreposição de formatos, canais e veículos que "matam" seus antecessores e apagam suas origens.

A intenção deste artigo é justamente opor-se a este conceito, é mostrar a estrita ligação do passado com o presente e com o futuro. É mostrar que, em cada período histórico, os meios e a mensagem estavam conectados com as necessidades da prática cotidiana e buscavam as tecnologias e os meios mais adequados para a integração e distribuição de conteúdo.

A construção do mundo digital, binário e conectado, não foi feita a partir de um "reset" do velho mundo analógico; foi embasada na pesquisa e experimentação de milênios de experiência investigativa conduzida a duras penas pelos nossos antepassados.

Vejam o caso do livro. Hoje se discute a morte do livro impresso e a primazia do livro digital – não é o livro que morre, é o suporte que evolui. O livro já foi pedra, argila, madeira, couro, papiro, papel encadernado. Nos últimos anos ele virou PDF, EPUB, web, nuvem.

As mudanças não são cartesianas, não são decretadas através de uma data de início com validade predeterminada e uma nova prática não elimina por completo a anterior, elas se mesclam e se complementam durante um período até que a mais confortável, a mais prática, e, principalmente, aquela que permite a adoção de modelos de negócios claros e mensuráveis, se consolide como uma nova solução.

Qual a variável que mudou radicalmente em todo esse processo histórico? É simples: a velocidade com que as transformações estão ocorrendo. A história da evolução das tecnologias midiáticas não é uma curva linear, é uma curva exponencial que a partir do final do século XIX rapidamente aponta para uma infinita linha vertical, depois de percorrer séculos de um aclive suave, quase na horizontalidade.

Esta (re)visão histórica é hoje viável porque temos agora ciclos mais curtos dentro dos quais podemos medir e comparar as vantagens, desvantagens e os impactos dessas tecnologias na maneira como criamos, produzimos, distribuímos e consumimos conteúdo. A supremacia de uma nova tecnologia midiática só pode ser avaliada em sua eficácia quando temos a chance de compará-la com aquela que foi suplantada.

Esse período de comparação e transição é um terreno fértil para a ação de dois personagens: os luditas e os gurus.

- **Os luditas:** por volta de 1810, época onde os efeitos da revolução industrial faziam-se sentir de maneira intensa em Londres, os trabalhadores temiam, com o crescente emprego das máquinas a vapor, perder seus empregos. Ned Ludd, também chamado de "King" Ludd, liderou revoltas dos operários, que invadiam fábricas e destruíam suas instalações como forma de conter a escalada da automação industrial na qual a mão de obra operária seria substituída pelo uso das máquinas. Daí a expressão "ludita" ou "neoludita", usada até hoje para nomear os tecnófobos, aqueles que se mantêm à margem da evolução e negam ou ignoram a chegada dos novos meios e processos.

- **Os gurus:** figuras místicas conhecidas pelo seu carisma e poder de liderança, anunciam, evangelizam e profetizam o futuro, às vezes sombrio, mas na maioria das vezes utópico. Estabelecem uma relação quase religiosa com seus seguidores. Atuam com desenvoltura no ambiente tecnodigital, conquistando usuários desavisados e criando multidões de *early-adopters* que se deslumbram com a promessa de exclusividade e de um mundo perfeito de novas tecnologias e dispositivos.

Os primeiros se prendem ao passado e às práticas consagradas, os segundos visualizam uma *tabula rasa* onde tudo se apresenta como inovação, tudo é um novo tempo, uma nova solução.

A escolha e implantação de novos processos, métodos, tecnologias é um caminho caro e delicado, requer equipes multidisciplinares, cientes do legado histórico e cultural dos processos de comunicação, mas conectada no admirável mundo novo que se anuncia.

Uma nova tecnologia só se afirma como tal quando se integra ao contexto cotidiano das relações entre homem e sua cultura. É o momento onde ela se torna invisível, é assimilada e passa a ser uma extensão do ser humano.

(Hiper)Texto

De maneira explícita ou implícita, somos convidados a clicar (e agora também tocar) em dispositivos, telas e superfícies de todos tipos e tamanhos. Cada uma dessas ações é a promessa de um mundo a ser descoberto, investigado, consumido ou apenas curtido.

Cada texto, cada botão, cada imagem amplia e potencializa o conteúdo, tornando-o não linear, super, hiper!

Hipertexto é um documento ou sistema formado por distintos blocos de informação (dados, textos, imagens, vídeos, sons) interligados por elos de associação.

Cada um desses blocos de informação é chamado de lexia ou nó e representa o lugar onde o usuário/leitor/ouvinte do documento se encontra antes de seguir o caminho indicado pelo elo associativo. Em inglês elo é "link"; por isso não é difícil deduzir aonde esta conversa toda vai acabar. Esta parceria "nó & elo" é o motor do hipertexto, é ela que nos permite navegar entre os diferentes blocos de informação.

Apesar de usarmos o termo hipertexto com maior frequência quando nos referimos ao meio digital, é possível encontrar na literatura, no cinema e na música sistemas de concepção e criação baseados em padrões de hipertextualidade.

Primórdios do hipertexto

Em seu livro "Roteiro para as Novas Mídias", Vicente Gosciola explora as origens da escrita e da literatura apontando para dois tópicos que eu gosto de relacionar com a evolução da comunicação multimidiática: a escrita pictográfica e o quadrado de Sator Arepo. Vamos falar um pouco sobre eles.

GOSCIOLA, Vicente. **Roteiro para as Novas Mídias:** do game à TV interativa. São Paulo: Senac, 2003

As primeiras formas de expressão visual da humanidade eram um misto de pintura, gravura e comunicação: os pictogramas. Combinando imagens realistas com convenções abstratas, essas imagens estabeleciam relações entre indivíduos e comunidades, compartilhando ideias, indicando normas e procedimentos ou servindo como memória cotidiana. Um ancestral remotíssimo e embrionário dos sistemas multimidiáticos.

É possível separá-los em duas categorias:

- Os **pictogramas** propriamente ditos, que seriam símbolos visuais com relações de verossimilhança àquilo que significam.

- Os **ideogramas**, que seriam símbolos visuais que representam ideias.

Os sumérios, egípcios e chineses começaram a "ficar bons" nisso lá pelos idos de 2900 A.C. ☺

Quando pictogramas e ideogramas assumem valores sintáticos, ou seja, passam a representar de maneira lógica fragmentos organizados de um sistema, nasce a escrita analítica ou ideográfica, que depois evoluiria para a escrita alfabética, que representa os sons da linguagem com sinais específicos.

Este resgate (pré-)histórico é importante, pois egípcios e chineses estabeleceram uma leitura que podemos chamar de contemplativa, baseada não em cada ícone ou elemento separado, mas nas conexões espaciais e nas relações temporais entre eles, um "proto-hipertexto", uma leitura não linear e multifacetada, rica em inúmeros caminhos interpretativos: *storytelling* e transmídia.

O surgimento dos primeiros alfabetos (fenício, grego, etrusco e por fim o romano), baseados em um conjunto de vinte e poucos símbolos, permitiu sua grafia em materiais de fácil transporte e distribuição (madeira, couro, tecidos e papel). Nascia a linearidade na escrita, um grande avanço para a vida social, política e econômica, mas um retrocesso para a representação multimidiática!

Sator Arepo: o quadrado mágico

Figura 13. Sator Arepo Tenet Opera Rotas

Figurinha carimbada nas conversas sobre hipertexto, o quadrado Sator é uma estrutura em forma de quadrado formada por cinco palavras latinas (SATOR, AREPO, TENET, OPERA, ROTAS) que permitem leituras em múltiplos sentidos e inversões, um verdadeiro palíndromo multilinear.

Quadrado Sator
http://goo.gl/YT4M1

S	A	T	O	R
A	R	E	P	O
T	E	N	E	T
O	P	E	R	A
R	O	T	A	S

Esta inscrição já foi encontrada por arqueólogos e pesquisadores em diversas partes da Europa, como nas ruínas romanas de Cirencester (Inglaterra), no castelo de Rochemaure, em Oppède (Itália) e na abadia de Collepardo, em Santiago de Compostela (Espanha).

A não linearidade sempre instigou a imaginação e reflete uma característica intrínseca ao ser humano, que é a sua maneira de pensar e compreender o mundo que o cerca através da associação de significados. Não aprendemos de maneira linear, acumulando conteúdos sequencialmente – aprendemos estabelecendo relações entre eles.

Leonardo da Vinci: Planta da cidade de Imola
http://goo.gl/Uei5m

Encontramos também princípios de hipertexto nos estudos de Leonardo da Vinci, onde o mestre do renascimento buscava estabelecer relações entre textos, desenhos e cálculos em seus projetos.

Projeto Xanadu
http://www.xanadu.com

Apesar desses devaneios históricos, a palavra hipertexto surge pela primeira vez em 1963 com Ted Nelson (Theodor Holm Nelson). Nascido em 1937, este filósofo norte-americano é o idealizador do Projeto Xanadu, que tinha por objetivo criar uma rede de computadores com interface de comunicação simples e acessível.

Algumas das ideias de Nelson foram aproveitadas por Tim Berners-Lee nos anos 90, quando da criação do protocolo HTTP e da linguagem HTML. E a partir do HTML é uma história que você já conhece.

Imagem

O universo complexo da representação imagética seria uma obra à parte dentro do escopo previsto para este livro, mas podemos abordar alguns aspectos importantes para entender a sua inclusão na Open Web Platform.

A sociedade iconográfica é uma realidade do século XXI onde o bombardeio diário de imagens repletas de cargas informacionais e emocionais são a célula *mater* das estratégias de comunicação.

O mundo das imagens teria seu ponto de virada em 1990: Mandela é libertado, o telescópio Hubble é lançado, a Alemanha é reunificada e nasce a *World Wide Web*, um novo e ainda misterioso universo a ser desbravado. A porta de entrada para este novo mundo da representação virtual online era o *browser,* convenientemente também conhecido como navegador.

BERNERS-LEE, Tim.
What were the first WWW browsers?
http://goo.gl/QeueI

O Mosaic (1992/1993) foi o primeiro navegador a exibir imagens incorporadas ao lado de textos, em vez de exibi-las em uma janela separada.

O mundo online exigiu o "tagueamento" das imagens; somos convidados a descrevê-las e explicá-las. Na web uma imagem ainda pode valer mais que mil palavras, mas, se tiver as identificações sintáticas e semânticas corretamente marcadas, ela certamente valerá mais que dez mil palavras.

Algumas experiências de reconhecimento de imagens começam a se tornar relevantes, ainda muito atreladas a interesses comerciais (divulgação de produtos), mas já apontam para novas possibilidades de busca, compartilhamento e indexação, como, por exemplo, o Google Goggles.

Google Goggles
http://goo.gl/0xEtX

Formatos de imagem no HTML5

Além dos formatos tradicionais e já consagrados (GIF, JPG e PNG), outros caminhos para as imagens se abrem na Open Web Platform. São eles: SVG e `canvas`.

Formato SVG
http://goo.gl/fFSRW

O Formato SVG (*Scalable Vectorial Graphics*) é uma especificação de linguagem baseada em XML para representar arquivos vetoriais bidimensionais, estáticos ou animados.

Utilizando HTML5 você pode usar o elemento de imagem (`img`) para incorporar um arquivo de formato vetorial SVG em um documento. Antes de usar este recurso em seus projetos verifique a compatibilidade desta marcação com os agentes de usuário.

Também é possível incorporar um trecho de código com o elemento `svg` para representar uma imagem vetorial construída a partir de coordenadas numéricas e de informações de contorno e preenchimento.

Vantagens? Imagens construídas em linguagem de texto facilmente editável (XML), baseadas em padrões web, são semanticamente ricas, pois seu conteúdo de texto pode ser selecionado, copiado, lido por leitor de telas e indexado. Essas imagens são acessíveis, redimensionadas sem distorção, independentemente do tamanho no qual são exibidas, e são compatíveis com processos de impressão.

Da TV para o tablet, do celular para o cinema ou para um cartaz impresso, esse é o SVG.

Elemento canvas
http://goo.gl/VOsne

O elemento `canvas`, novidade do HTML5, permite que a informação para a construção de imagens baseadas em pixels seja inserida diretamente no código do documento.

O `canvas` apenas delimita em que local da tela isto acontece. O processo de desenho é controlado por uma API específica para este elemento, que interage com *JavaScript*.

Soyuz's Dashboard
http://goo.gl/3EXeT

Soyuz Sistemas
http://www.soyuz.com.br

Experimentos como o Soyuz's Dashboard em tempo real, mostrando a relação entre latitude, longitude e altura dos municípios brasileiros, produzido pela Soyuz Sistemas, abrem novas janelas para imagens em `canvas`. Baseada em dados abertos, esta é uma experiência de visualização de dados utilizando Ajax, JSON e Processing.js como mecanismo para o gráfico em WebGL. Quando em destaque, o estado mostra em elipses uma relação das áreas dos seus municípios.

Direção de arte

O conceito de direção de arte ganhou grande importância nos EUA a partir dos anos 40, fruto da necessidade da publicidade e do cinema de representar o *american way of life*. Cada detalhe era exagerado em sua carga simbólica, na busca de exteriorizar a imagem da perfeição e da supremacia pretendida pelos americanos.

Um bom exemplo deste princípio estético e político que permeava o processo de criação e produção é uma cena do filme "The Milkman" (O leiteiro, em português), de 1950, protagonizada por Donald O'Connor, que interpreta a canção "The Early Morning Song" (a canção do amanhecer).

The Early Morning Song
http://goo.gl/Cj3FA

Todos os elementos da linguagem visual são propositadamente "arrumadinhos", para garantir a plena compreensão da obviedade da cena, que é conduzida com extremo zelo de cenografia, enquadramento, "mickeymousing" (técnica de representar cada movimento ou intenção da cena com elementos rítmicos e melódicos explícitos) e com uma coreografia algumas vezes em forma de pantomima, outras vezes em movimentos extraídos da arte circense.

Como pano de fundo, casas, ruas, cozinhas, cercas, jardins e figurinos na mais perfeita exaltação da "beleza americana" que mais tarde seria retratada de maneira decadente no filme de mesmo nome do diretor Sam Mendes.

Esses elementos e os conceitos da direção de arte que permeiam a produção audiovisual estão presentes, respeitando as especificidades de cada meio, também na mídia impressa e nos meios digitais como a web.

Mas quem é o profissional responsável pela direção de arte na web?

Para responder a esta pergunta vou voltar um pouco no tempo e responder quem era o profissional de web quando eu começava a migrar para esta área, por volta de 1997. Em geral eles tinham dois perfis bem distintos:

- **Tecnológico:** o pessoal de informática, computação, engenharia, matemática e áreas afins. Para eles a internet era uma nova possibilidade de linguagens, códigos, sintaxes. Geralmente desprovidos de qualquer senso estético, uma página web era qualquer representação visual de um monte de linhas de código.

- **Artístico:** o pessoal de cinema, rádio, TV, artes, comunicação e áreas afins. Para estes a web era um novo suporte para suas elucubrações visuais e sonoras, um novo meio de comunicação (de novo o meio era mensagem), a nova aldeia global.

Essa batalha entre arte e tecnologia já rendeu livros, filmes, teses e também discussões intermináveis nas agências e produtoras...

Quando do surgimento da fotografia na metade do século XIX, dizia-se que estava decretado o fim da pintura. Quando o tímido experimento dos irmãos Lumière ganhou dimensões comerciais dizia-se que o teatro e os musicais se extinguiriam. O mesmo se falou da televisão em relação ao rádio.

De certo modo isso se manteve inalterado até a última década do século XX, momento a partir do qual a revolução digital e a internet começaram a varrer os últimos guerreiros analógicos das trincheiras da mídia.

Falar em revolução digital tinha sentido para aqueles que nasceram no mundo analógico e acompanharam a transição dos átomos para os bits. Do VHS para o DVD, do vinil para o iPod. Que sentido tem falar em revolução digital para a geração que nasceu após 1995 e não conheceu o mundo sem web, MP3 e afins? Interatividade agora é palavra-chave!

Os profissionais desta nova geração não têm mais necessidade de digitalizar o mundo, mas de interagir com ele. Este novo profissional, que começa a ser muito requisitado pelo mercado, é aquele que faz a ponte entre o digital e o interativo, é aquele que transita com desenvoltura entre as referências históricas e as últimas novidades tecnológicas.

Voltando especificamente para a web, é importante dizer que não é mais possível ter um olhar individual sobre as camadas de conteúdo, apresentação e comportamento, pois elas se completam e se mesclam interligadas pela semântica. Não existe mais nada gratuito e supérfluo, tudo deve ser relevante para a construção dos significados.

- Novos recursos de tipografia, antes impensados, agora se tornam prática comum, viabilizando um número de fontes e padrões praticamente infinitos, não mais como imagem, agora como texto indexável e semântico.

- Elementos de formatação e composição do CSS permitem projetos responsivos e fluidos que não ficam devendo nada aos complexos layouts antes exclusivos da mídia impressa.

- WebGL e canvas aproximam a web do mundo dos jogos, da animação e da realidade aumentada.

- O formato SVG (já falamos sobre ele) veio para ficar.

- ARIA e o cuidado com acessibilidade permitem construir experiências ricas de navegação para todos os públicos.

ARIA
http://goo.gl/kZmiG

- UI (*User Interface*) e UX (*User Experience*) tornam-se setores estratégicos dentro das empresas.

Nenhum elemento pode ser apenas um detalhe, ou uma "firula", como se costumava dizer, todos são partes indissolúveis da interface, a nova grande forma de arte, comunicação e inovação tecnológica do século XXI.

Pensar em direção de arte para web e desconhecer este novo cenário é ignorar a fusão de arte e tecnologia, é ignorar o legado do homem renascentista que está construindo uma nova era, a era da Open Web Platform.

Áudio

Primórdios

Difícil explicar ou imaginar que, até pouco antes de 1900, a única maneira de ouvir um som era reproduzindo-o. O fenômeno sonoro, ao contrário da imagem, não podia, até essa época, ser armazenado. Era etéreo.

Para ouvir música era preciso produzir música ou ir até o local onde ela era produzida. Por isso muitas vezes nos espantamos com nossos avós ou bisavós que, mesmo de maneira rudimentar, eram capacitados na execução de algum instrumento musical. Era uma questão de necessidade!

Tanto em palácios, igrejas e teatros como também nas festas populares, nas praças e nas tavernas a prática da música era ingrediente obrigatório.

Prelúdio e Fuga em Lá menor BWV 543 de Johann Sebastian Bach [OGG] http://goo.gl/zqP62

Se voltarmos ainda mais no tempo, na época de Bach (compositor alemão que viveu entre 1685 e 1750), atestamos com maior intensidade que a prática da música familiar não era um fato inusitado, era a práxis comum: muita música, muitos instrumentistas, muitos filhos. Bach teve 21 ☺.

Qualquer interpretação, mesmo que estritamente fiel ao registro de uma notação (partitura), é uma versão carregada dos nossos valores culturais, uma versão de um arqueólogo que tenta remontar um quebra-cabeça com os elementos que a história deixou.

Jamais saberemos ao certo como cantavam e tocavam nossos antepassados.

O primeiro pop star

Apesar dos experimentos rudimentares do francês Édouard-Léon Scott de Martinville (1817 – 1879) com um aparelho de gravação sonora, foi Thomas Alva Edison quem entrou para a história como o inventor do fonógrafo, um aparelho capaz de gravar e reproduzir sons, pois o aparelho produzido por Martinville era capaz de registrar as vibrações sonoras, mas não conseguia reproduzi-las.

Para "arranhar" a primazia de Edison, em 2008 um grupo de cientistas e pesquisadores americanos conseguiu extrair um fragmento sonoro de uma gravação registrada em um fonoautógrafo *[sic]* em 1860. Estes dez segundos de "Au Clair de la Lune" seriam então o mais antigo registro sonoro gravado da história.

Construído em 1878, o fonógrafo de Edison era baseado em um cilindro que armazenava e reproduzia as vibrações sonoras. Do ponto de vista técnico, era um pequeno experimento, mas do ponto de vista social era a invenção que seria o embrião da indústria musical do século XX. Edison imaginava seu invento como uma maneira prática de substituir as mensagens escritas por mensagens sonoras, e não de distribuir música. É atribuída a Edison a famosa frase:

A genialidade é 1% inspiração e 99% transpiração.

O fonógrafo de Edison [JPG]
http://goo.gl/i0Efk

Researchers Play Tune Recorded Before Edison
http://goo.gl/AgdPV

Figura 14. Thomas Edison

A gravação de Thomas Edison, em 1878, recitando "Mary Had a Little Lamb" em seu fonógrafo levou os méritos de primeiro registro sonoro.

Mary Had a Little Lamb [OGG]
http://goo.gl/aFZrz

Gramophone
Schellackplatte
http://goo.gl/FgniU

Seu principal inconveniente, a dificuldade da produção em massa de cilindros de gravação, foi suplantada com o gramofone, patenteado por Emile Berliner em 1887 e baseado em discos no lugar dos cilindros de Edison.

O processo de prensagem dos discos, mais barato e rápido do que a cópia pantográfica dos cilindros, foi um marco na história do entretenimento. A música se tornava um produto fácil de ser embalado e distribuído para as massas.

Foi em um disco assim que Enrico Caruso canta "La Forza del Destino" (ópera de Giuseppe Verdi), uma gravação feita em 13 de março de 1906 para a Victor Talking Machine Company.

Enrico Caruso canta Vesti la giubba de Pagliacci (Leoncavallo, Ruggero)
http://goo.gl/5u7Ul

Enrico Caruso (1873 – 1921), tenor italiano, fez mais de 290 gravações comerciais. Sua gravação de "Vesti la Giubba", da ópera Pagliacci de Leoncavallo, vendeu mais de um milhão de cópias em 1904. Caruso foi o primeiro pop star da história!

Respeitáveis senhores

Os processos elétricos e magnéticos de gravação deram flexibilidade e fidelidade ao mercado fonográfico. Dos discos de vinil às fitas cassete, o processo de produção e distribuição de música fez deste negócio um dos mais lucrativos e bem-sucedidos da indústria do entretenimento do século XX.

Microfones supersensíveis, gravações multicanais e fitas magnéticas criavam um mundo de novas possibilidades, e estes recursos nasceram muito antes da revolução digital, da cultura do *cut & paste* (recortar e colar) e da mixagem. A música eletrônica não nasceu com os DJs nova iorquinos, nem com os *geeks* nos anos 90 – nasceu com respeitáveis senhores nos laboratórios musicais das universidades europeias e atingiram o seu auge com as pesquisas de Karl Heiz Stockhausen na Universidade de Colônia (Alemanha) nos anos 1950-60.

Stockhausen, que faleceu em 2007, foi imortalizado na capa do álbum "Sgt. Pepper's Lonely Hearts Club

Band", de 1968, dos Beatles, a última fronteira da música comercial analógica gravada, um divisor de águas da cultura do século passado, um vislumbre das novas possibilidades que o mundo digital anunciava: a fragmentação do mercado fonográfico e um mundo de convergências multimidiáticas.

List of images on the cover of Sgt. Pepper's Lonely Hearts Club Band
http://goo.gl/CGWvz

Ao infinito e além

As naves espaciais Voyager I e II lançadas em 1977 carregaram a bordo discos fonográficos de ouro conhecidos como *Voyager Golden Record*, com sons que tentam de alguma maneira representar a riqueza e a diversidade sonora da nossa civilização.

Voyager Golden Record
http://goo.gl/VIWoy

Muitos afirmam que a possibilidade deste material ser encontrado (e decodificado) é praticamente zero, mas, caso isso ocorra, os felizardos terão uma visão da Terra do passado, uma cápsula do tempo!

Provavelmente não faremos feio, já que nossos "irmãos" alienígenas poderão se deliciar admirando Beethoven, Guan Pinghu, Mozart, Stravinsky, Blind Willie Johnson e Chuck Berry.

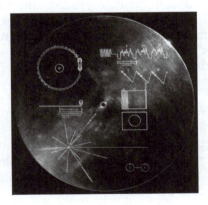

Figura 15. Voyager Golden Record

As representações espaciais dos nossos aspectos culturais, como a pintura e escultura, sempre levaram vantagem em relação aos aspectos temporais, como o som e a música.

A volatilidade e a instantaneidade das manifestações sonoras sempre intrigaram o homem: como perpetuar e compartilhar o momento, o instante único no qual uma onda sonora atinge o nosso sistema auditivo?

Na Suíça, em 1880, um concerto em Zurique foi transmitido por linhas telefônicas até Basel, a uma distância de cerca de oitenta quilômetros; no ano seguinte, uma ópera em Berlim (Alemanha) e um quarteto de cordas em Manchester (Inglaterra) foram transmitidos para cidades vizinhas; e, em 1884, uma companhia londrina ofereceu, por uma taxa anual de £10, quatro pares de fones de ouvido através dos quais assinantes seriam conectados a teatros, concertos, palestras e serviços religiosos. E você achava que *pay per view* e *on demand* eram inovações da revolução digital?

Essas experiências em transmissão sonora a distância são contemporâneas aos primórdios do fonógrafo de Thomas Edson e do telefone de Graham Bell. O primeiro, um dispositivo mecânico, e o segundo, um elétrico, deram início à revolução provocada pela mudança radical na maneira pela qual os sons e a música entrariam nas nossas casas e nas nossas vidas.

Em 1995 foi desenvolvido o Vosaic, uma extensão do Navegador Mosaic capaz de transmitir (exibir) vídeo e áudio em tempo real através da internet usando algoritmos adaptativos de compactação e descompactação de arquivos. Também em 1995 a Real Audio lançou a tecnologia *streaming*.

Na fronteira da Open Web Platform, a transmissão e a manipulação de áudio na internet ainda encontram algumas questões a serem resolvidas, muito mais ligadas aos problemas comerciais de uso de formatos e *codecs* do que às limitações técnicas da sua implementação pelo *browser*.

As tecnologias e os formatos mudam, mas o sonho do ser humano de compartilhar e perpetuar o seu registro sonoro pelas galáxias de uma maneira ubíqua e semântica torna-se cada dia mais real. *Bits* viajando pelo espaço, sem átomos, sem discos, sem *plug-ins*, autoexplicativos, informação sonora pura...

Repeated Takes, A Short History of Recording and its effect on Music
http://goo.gl/ZKtn9

A web tornou possível o surgimento de novos modelos de estruturação da linguagem narrativa e das relações entre som e imagem, porém estes novos caminhos não podem ignorar o processo histórico e cultural do qual se originaram.

A explosão dos meios de comunicação no século XX nos permite, pela primeira vez, apreender e testar a relação entre a forma e o conteúdo, entre a engenharia e a arte. Um mundo governado exclusivamente por um único meio de comunicação é um mundo governado por si mesmo.

> Não se pode avaliar a influência de uma mídia quando não se tem com que compará-la.

JOHNSON, Steven. **Cultura da interface:** Como o computador transforma nossa maneira de criar e comunicar. Rio de Janeiro: Zahar, 2001

Múltiplas sonoridades

A possibilidade do uso e da transmissão de som na web abriu novos canais de divulgação de informação, compartilhamento, entretenimento e linguagens audiovisuais.

- **Rádios online.**

- **Podcasts.**

- **Plataformas e redes sociais de música.**

- **Camadas de conteúdo:** usar o som em paralelo ou de forma complementar ao conteúdo textual e gráfico.

- **Trilhas sonoras para animações e aplicações.**

- **Comércio eletrônico:** divulgação e vendas de músicas e das quais trechos ou sua totalidade podem ser ouvidos pela web.

- **Arquivos de áudio sob demanda:** difusão, classificação e comércio de arquivos, como efeitos sonoros, palestras, conteúdo educativo, clipes de música, para públicos especializados.

- **Locução:** narração – como, por exemplo, um guia de navegação em um site educativo ou como tutorial.

- **Entrevistas:** ao vivo ou em trechos gravados, conferem maior credibilidade, por exemplo, a um site de conteúdo jornalístico.

- **Loops de áudio:** pequenos trechos de música em repetição que servem de trilha para o conteúdo visual.

- **Efeitos sonoros e *feedbacks* de navegação em interfaces.**

- **Portfólios multimídia:** músicos, grupos, orquestras etc.

Áudio e HTML5

Elemento audio
http://goo.gl/i0aYW

O HTML5 possibilita a incorporação e reprodução de áudio diretamente pelo *browser* através do seu novo elemento `audio`. Porém, tal como acontece com os formatos de vídeo, os *browsers* ainda não chegaram a um consenso sobre o formato de áudio padrão a ser suportado.

Para este novo elemento, existe uma API correspondente para objetos de áudio no DOM. Esta API permite identificar a compatibilidade para os diferentes formatos de `áudio`, reproduzir, alterar o volume e controlar outros recursos do elemento, estabelecendo novas possibilidades de interatividade para o usuário.

Lembra-se do "famoso" som de fundo de página, impertinente e quase sempre de gosto duvidoso? O elemento `bgsound`, existente nas versões anteriores da linguagem HTML, foi descontinuado no HTML5. Uma grande conquista para a humanidade ☺.

Vídeo

Fruto evolutivo da fantástica história da fotografia e da fotografia em movimento (popularmente conhecida como cinema), o vídeo levou os processos de veiculação de imagem a um novo patamar. Sua gênese, um pouco diferente da fotografia, foi marcada desde o início como um experimento tecnológico de laboratório envolvendo centros de pesquisas avançadas e grandes investimentos corporativos.

Está aí um dos motivos pelos quais até hoje a indústria do vídeo, notadamente com o advento do HTML5 e da Open Web Platform, atravessa uma disputa sobre formatos e *codecs* a serem empregados. Google, Apple, Microsoft, Adobe e Sony estão entre os principais protagonistas desta contenda.

John Baird: um pioneiro (quase) esquecido

A história do vídeo se confunde com a história dos primórdios da televisão, onde a figura do engenheiro escocês John Logie Baird (1888 – 1946) é o destaque. Baird criou em 1926 um processo de gravação em discos de vídeo chamado por ele de "Phonovision".

John Logie Baird
http://bairdtelevision.com

A patente 324.049, concedida em 1928, descrevia um dispositivo, o "Phonovisor", projetado para reproduzir discos do formato "Phonovision". O escocês foi capaz de gravar imagens em disco, mas nunca conseguiu reproduzi-los, porque as imagens em trinta linhas praticamente se perdiam quando eram transmitidas. O eterno fantasma da resolução...

Como curiosidade, vale ressaltar que, com as tecnologias de processamento digital, Donald McLean, um entusiasta e divulgador da obra de Baird, recuperou o conteúdo dos discos "Phonovision" com resolução de trinta linhas e disponibilizou-o em seu site no formato de GIFs animados *[sic]*.

Donald McLean
http://goo.gl/KFH59

Videodisco

Em 1934 foi lançado o primeiro videodisco, com dez polegadas e dupla face de gravação. Era um disco de teste que girava a 78 rpm. Com imagens animadas, foi criado para auxiliar os usuários domésticos a ajustar seus televisores sincronizando som e imagem como maneira de "esquentar" o receptor antes das transmissões de TV entrarem no ar!

Outras onze gravações em disco de transmissões de televisão foram produzidas. Teríamos que esperar mais vinte anos antes que novos programas de televisão fossem registrados em discos ou fitas.

O recente culto aos GIFs animados, decorrente em parte da necessidade de veiculação de imagens em movimento em dispositivos que não suportam o *plug--in* para o formato SWF (Flash) e em parte de um movimento *retro/cult/vintage* de resgatar imagens de baixa resolução e filtros fotográficos, nos faz analisar como a adoção e a obsolescência das tecnologias podem ser cíclicas. Afinal, o brega de hoje é o *cult* de amanhã.

Futuro próximo

Hoje temos uma infinidade de tecnologias e formatos digitais para produção, armazenamento e distribuição de vídeo digital, e provavelmente o formato Blu--Ray será o último formato físico para este fim. O futuro está na nuvem e na Open Web Platform.

Cisco Systems, Inc.
http://www.cisco.com

Dados da Cisco estimam que 54% do tráfego online em 2016 será de arquivos de vídeo. Se contarmos conexões P2P, este número deve subir para 86%. Os tablets são apenas a porta de entrada para o consumo de vídeo, com a era da "internet das coisas". Os *browsers* estarão onipresentes e produzindo além das programações *broadcast* (rádio e TV), reproduzindo um tráfego anual de 1,3 zetabite (21 zeros), o equivalente a quatro bilhões de DVDs por mês em serviços de *video on demand*.

Números difíceis de conceber...

Vídeo e HTML5

Quem tem mais anos de web certamente se lembra do Real Player, do QuickTime Player e do Windows Media Player como *plug-ins* para a exibição de vídeo (e também áudio) na web. Quem é das gerações mais novas acompanhou de perto a consagração do Flash Player como reprodutor de vídeos no formato .flv.

No HTML5, o elemento `video` permite a inclusão e reprodução de conteúdo de vídeo sem a necessidade dos *plug-ins* citados. Da mesma maneira que acontece com o elemento audio, o próprio *browser* se encarrega da exibição do conteúdo.

A compatibilidade dos *browsers* ainda é problemática, mas existem várias maneiras de contornar essa questão, como, por exemplo, usar formatos alternativos (da mesma maneira que no caso do áudio), indicar um link para download e oferecer a possibilidade de uso do Flash para a reprodução do vídeo. Este último procedimento é popularmente conhecido como *Flash Fallback*.

A possibilidade do uso dos elementos `audio` e `video` diretamente no HTML, sem a necessidade de *plug-ins* externos, trouxe à tona uma discussão mais aprofundada sobre formatos e padrões.

Quando nos referimos aos formatos de vídeo, estamos nos referindo a um conjunto de informações que pode conter uma ou mais faixas de vídeo, faixas de áudio, legendas e metadados. Todas essas informações fazem parte de um *container*, um pacote de dados, como um arquivo .zip ou .rar, que nós chamamos de maneira simplificada de formato ou extensão.

WebVTT
http://goo.gl/lh7TV

Novos *containers* prometem ainda maior velocidade e compatibilidade, como, por exemplo, o formato H.265 e o formato VP9.

Formato H.265
http://goo.gl/jRZL4

Formato VP9
http://goo.gl/HeFay

Multimídia

Orfeo – Favola in Musica
http://goo.gl/ThcVl

Em 1607 estreava em Veneza o "Orfeo – Favola in Musica", do compositor italiano Cláudio Monteverdi, obra que contava através da música e do teatro o mito grego de Orfeu que desce até o Hades à procura de sua amada (Eurídice), fundamentando o gênero musical que hoje chamamos de ópera.

Figura 16. Libreto do prólogo de Orfeo – 1607

A junção do texto com a música, a organização dos instrumentos musicais por famílias (cordas, sopros, percussão), a cenografia, a coreografia, os figurinos e a roteirização de tudo isso em um único documento – a partitura (antes cada músico/ator tinha sua parte separada) – é um marco da linguagem audiovisual e um ancestral primitivo da multimídia moderna.

As novas narrativas multimidiáticas, a realidade virtual e os videogames são estruturas superevoluídas deste tipo de linguagem (a ópera) que hoje nos proporcionam experiências multissensoriais.

Em 1607, na cidade de Veneza, provavelmente o público se deslumbrava da mesma maneira que nós hoje, quando jogamos Wii ☺.

História e evolução da multimídia

Seria muita pretensão de nossa parte achar que a experiência multimidiática interativa é uma invenção recente e que foi alavancada pela descoberta de novas ferramentas e dispositivos digitais.

A associação entre som e imagem acompanha o homem desde os seus primórdios, como forma de comunicação e como manifestação religiosa ou artística. Não podemos precisar como de fato isso ocorria, mas a ânsia da humanidade em vivenciar de maneira integrada os sentidos é registrada ao longo da história na busca de relações entre as formas de expressão dos sentidos e as manifestações artístico-culturais.

Literatura, pintura, música, arquitetura são sempre recortes de uma realidade maior, recortes feitos com as matérias-primas que lhes são inerentes: O texto, a cor, o som, a forma. O primeiro artista a pensar esses elementos de uma forma realmente integrada foi o compositor alemão Richard Wagner (1813 – 1883).

A arte total

Wagner imaginava um universo expressivo onde a música e o teatro seriam o centro nevrálgico de uma experimentação complexa e multissensorial que ele chamava de *Gesamtkunstwerk* (obra de arte total), uma integração dos meios artísticos que buscava recriar e ampliar muitos dos conceitos praticados pelo teatro clássico grego.

Essa forma de entender e abraçar a produção cultural que permeia a obra wagneriana tem suas raízes teóricas no ensaio que o compositor escreveu em 1849 intitulado "Das Kunstwerk der Zukunft" (A Arte do Futuro) onde ele traça os primeiros esboços do que seria a sua visão do processo de unificação das artes em torno do tripé dança, música e poesia.

WAGNER, Richard, tr. William Ashton Ellis (1994), The Art Work of the Future, and other works, Lincoln and London.

Wagner aplicou a maior parte dos princípios da arte total no *Bayreuth Festspielhaus* (Teatro do Festival de Bayreuth). Inaugurado em 1876, o projeto arquitetônico teve a sua colaboração pessoal e viabilizava inovações que buscavam a experimentação perfeita: escurecimento da plateia, inclinação dos assentos

Bayreuth Festspielhaus [PNG]
http://goo.gl/l47ju

e recursos cenográficos/arquitetônicos que favoreciam a reverberação do som em mais de um canal. *User experience* 136 anos atrás!

Recortar, copiar e colar

JOHNSON, Steven. **Cultura da interface:** Como o computador transforma nossa maneira de criar e comunicar. Rio de Janeiro: Zahar, 2001

> Qualquer analista profissional de tendências nos dirá que os mundos da tecnologia e da cultura estão colidindo. Mas o que surpreende não é a própria colisão – é o fato de ela ser considerada novidade.

A divisão entre arte e tecnologia é uma invenção recente dentro da história da humanidade, pois até o século XVII existia pouca distinção entre elas.

Veja por exemplo os grandes nomes do renascimento: Da Vinci, Michelangelo, Düher ou até mesmo Gutenberg. Onde na obra desses grandes mestres termina a técnica e começa a arte? Impossível dizer. Para eles a arte e a tecnologia eram indissolúveis.

A transição do século XIX para o XX trouxe de uma vez por todas à tona a discussão sobre as interfaces da arte com tecnologia: a eletricidade, a fotografia, o som gravado, o cinema começam a fazer parte do cotidiano das pessoas; velhas e novas mídias criam novas áreas de interseção a serem preenchidas por novas formas de expressão e por novos produtos de consumo.

Nos anos 20, o cineasta russo Eisenstein estabeleceu um novo sentido ao filme. Sua concepção artística da edição cinematográfica de cortar e colar as sequências de imagens abre caminho para novas narrativas audiovisuais não lineares. Nasciam o CTRL + X, o CTRL + C e o CTRL + V.

J. C. R. Licklider, físico, matemático e psicólogo norte-americano, escreveu em 1960 sobre a simbiose entre o homem e o computador:

> ...em pouco tempo, os cérebros humanos e os computadores estarão interligados, e o resultado disso é que pensaremos como jamais pensamos e as máquinas processarão dados como nunca o fizeram....

Man-Computer Symbiosis [PDF]
http://goo.gl/CR8gP

O estreitamento da cooperação homem-computador abre um panorama criativo de novas possibilidades – dentre elas, aquelas inerentes à produção audiovisual e à produção publicitária. Os recursos das novas ferramentas digitais instigam diferentes metáforas e conceitos criativos, enquanto os nativos digitais insuflam os softwares com novas ideias e novos padrões de comportamento.

O mundo digital novamente reaproxima essas duas faces (arte e tecnologia) do pensamento humano. O software, o hardware e o homem estão se tornando um elemento único que se integra na busca de novas descobertas sem se preocupar se elas são arte ou tecnologia. São experiências, vivências e compartilhamento de *bits* alterando a maneira pela qual nós criamos, trabalhamos e nos comunicamos.

Meio e mensagem

Este enorme acervo multimidiático que despontava no início do século XX começa a ser arquivado e catalogado. Verbos que antes só se aplicavam a textos e telas agora são aplicados aos sons e às imagens em movimento. Como buscar e lidar com estas informações?

Em 1945, o engenheiro americano Vannevar Bush, que também tinha participado do Projeto Manhattan, escreve o artigo "As We May Think", no qual ele argumenta as vantagens da disposição e do acesso ao conteúdo de mídia de uma maneira não linear.

Projeto Manhattan
http://goo.gl/1vM1v

As We May Think
http://goo.gl/sb3PC

Bush imaginou um dispositivo mecânico de inserção, indexação, armazenamento e reprodução de conteúdo ao qual ele chamou de MEMEX (*Memory Extender*). Nele era possível criar, editar e interligar conteúdos de texto, som e imagens, associando-os em trilhas e blocos de informação.

Tal como fizera Da Vinci quatrocentos anos antes, Bush vislumbrava um sistema que nunca foi construído, mas que serviu de ponto de partida para a interface dos modernos computadores e para a estruturação de redes de conteúdo baseadas na conexão de documentos (links).

O MEMEX, apesar de nunca ter sido construído, entrou para a história como o primeiro computador analógico multimídia.

Nada se cria, tudo se transforma ☺.

A mensagem na aldeia global

Marshall McLuhan (1911 – 1980), filósofo e professor canadense, foi de certa maneira um precursor dos modernos midiáticos, pesquisando como os meios de comunicação impactam o recebimento e a compreensão das mensagens.

McLuhan introduziu o conceito de "aldeia global", no qual um meio de comunicação (na sua época, a televisão) era responsável pela padronização da aceitação de um conteúdo.

Este conceito era em parte validado pelo *broadcasting* televisivo (de um para muitos e unidirecional), mas só com o advento da internet (de muitos para muitos e bidirecional) o verdadeiro encurtamento das distâncias geográficas, culturais e econômicas começaria a ser colocado em prática.

Outro ponto crucial do discurso de McLuhan é a famosa frase "o meio é a mensagem".

A revolução digital e a web quebraram este paradigma. A mensagem, antes presa ao tipo de plataforma que a carregava, agora é livre. O meio deixa de ser a mensagem – aliás, não importa mais o meio, a men-

---

Memex animation – Vannevar Bush's diagrams made real http://goo.gl/We8Nk

MCLUHAN, Marshall. **Os meios de comunicação como extensões do homem**. Tradução de Décio Pignatari. São Paulo: Cultrix, 1969

sagem é fluida, ubíqua e multiforme, adapta-se, ou pelo menos busca desesperadamente adaptar-se, ao meio.

É a inversão do vetor de McLuhan. Após séculos de escravidão, a mensagem libertou-se do meio.

Storytelling *e transmídia*

São dois conceitos que ganharam muita força a partir dos últimos anos, frutos dos ambientes comunicacionais ubíquos permitidos pela convergência de plataformas, conteúdos e dispositivos.

Muitas vezes são vendidos como "soluções rasas de marketing", desprezando, como vimos, milênios da experiência humana em estabelecer relações de inteligência semântica e compartilhar sensações multissensoriais que deveriam extrapolar a simples justaposição de elementos de texto e imagem.

O cinema, a história da arte, a literatura, os jogos, a música (linguagem musical) são as eternas fontes para estabelecer as relações transmidiáticas entre conhecimento, ciências do comportamento humano e as novas tecnologias.

O fim da era dos *plug-ins*

Quando começaram a aparecer em 1990, os *browsers* não eram capazes de reproduzir nenhum tipo de mídia, exceto texto. A possibilidade de inserção de imagens foi um marco importantíssimo. O GIF animado reinou por muito tempo como a mais incrível possibilidade criativa da web.

Arquivos de áudio e vídeo podiam ser oferecidos em links para serem "baixados" e reproduzidos pelos *players* nativos dos sistemas operacionais (nada de rodar no *browser*). Além disso, as limitações de acesso e de largura de banda contribuíam para tornar essas experiências nada ricas do ponto de vista do usuário. Certamente não incluímos aqui o uso, hoje considerado bizarro, de sons de fundo em formato MIDI ☺.

Essa limitação, aceita com naturalidade por algum tempo, começou a ser seriamente questionada quando da democratização do acesso, da melhoria de banda e do crescimento da internet como canal de negócios. Por que não incorporar sons, vídeo e interatividade à navegação? A resposta viria com os *plug-ins*...

Em 1995, a RealNetworks lança seu *player* (reprodutor) de áudio, o RealAudio, que permitia a reprodução de arquivos sonoros em seus formatos proprietários: RA e RAM.

108

Impossível não falar em *plug-ins* e *players* multimídia sem citar Macromedia e Shockwave. Desenvolvido para o *browser* Netscape, o Shockwave Player em 1995 possibilitava a distribuição de animações e conteúdo interativo desenvolvido com o software Macromedia Director para visualização no *browser*.

O RealVideo, que viria em 1997, permitia o *streaming* de vídeos compatíveis com o padrão H263. Mais tarde, RealAudio e RealVideo se fundiriam no Real-Player.

Nascido na Macromedia em 1997 e incorporado pela Adobe em 2005, o Flash Player foi uma revolução na distribuição de conteúdo multimídia na web.

Nascido para exibir animações vetoriais, o formato SWF (*Shockwave Flash*) em pouco tempo tornou-se referência na criação de aplicações ricas para internet (RIA) e para demandas que envolvessem jogos, *streaming* de vídeo e áudio e interfaces gráficas interativas.

A Apple, com o QuickTime, e a Microsoft, com o Silverlight, também aventuraram--se no universo dos *plug-ins* web, mas sem o mesmo sucesso do Flash Player.

O crescimento assustador do universo *mobile* e o movimento das empresas na busca por soluções abertas e nativas dos *browsers* marcam o declínio da era dos *plug-ins*.

Ah! Sempre é importante relembrar: não, não foi o Steve Jobs que matou o Flash. Assim como toda tecnologia, o Flash Player está cumprindo o seu saudável ciclo de vida, no qual novas soluções nascem, crescem, amadurecem, mesclam-se com as já existentes e um dia acabam sendo substituídas.

Isso não significa que softwares gráficos de criação e produção multimídia interativa como o Flash irão desparecer – pelo contrário, evoluirão.

Cada vez mais o mercado demandará novas ferramentas de autoração baseadas em padrões abertos que oferecem soluções compatíveis com a evolução das linguagens de marcação, de estilo e de comportamento.

Com o amadurecimento do HTML5, começamos a nos distanciar cada vez mais deste universo formado por elementos como `applet`, `embed` e `object`, necessários para incorporar funcionalidades multimídia aos *browsers*, e nos aproximamos de uma nova era, a era da multimídia nativa, onde *plug-ins* não são mais necessários, e o carregamento, o processamento e o controle passam a depender do *browser* e não mais de soluções proprietárias de terceiros.

Ganhamos velocidade e acessibilidade. Ganhamos uma web aberta, ubíqua e semântica: The Open Web Platform.

Seja bem-vinda, multimídia nativa!

A multimídia e o futuro do livro

Gutenberg construiu um dos mais fantásticos dispositivos da história. O livro impresso do famoso alemão recebeu e reproduziu nos últimos quinhentos anos, com poucas modificações, infinitos softwares: da Bíblia ao Alcorão, da Divina Comédia ao Almanaque do Biotônico Fontoura.

Figura 17. A bíblia de Gutenberg

Sim, softwares! A revolução digital quebrou este paradigma. As "instruções" antes impressas nas páginas dos livros agora são binárias, podem ser lidas por qualquer dispositivo digital.

Neste novo cenário, surgiram e continuam surgindo uma infinidade de dispositivos que agora são o suporte deste conteúdo flexível, fluido e não mais limitado por átomos, e sim por *bits:* computadores, notebooks, *e-readers*, tablets, smartphones e uma infinidade de outros aparelhos e neologismos, como netbooks.

Alguns deles, como por exemplo os *e-readers*, já nascem com uma função claramente transitória, fazendo uma ponte entre velhas e novas soluções, assim como foram os saudosos *palmtops*!

Muitos estão maravilhados com o universo dos tablets, mas eles também são uma ponte para soluções que já estão chegando: telas flexíveis, dispositivos interativos de realidade aumentada e "the internet of things". Em relação ao conteúdo ocorre também o mesmo "deslumbramento adolescente".

As pessoas estão impressionadas com livros e revistas para tablets que mais lembram um projetor de slides, onde a cada "toque mágico" um novo dispositivo (*slide*) é exibido! Outro dia ouvi em uma grande editora: "...mas nosso livro é interativo, o personagem "X" mexe os olhinhos" *[sic]*.

Sério que vocês acham que isto é o futuro?

É neste contexto que o mercado editorial, temeroso em perder o bonde da história (como ocorreu com o mercado fonográfico), se faz a pergunta mais importante e crucial desde Gutenberg: *e-book*? Web? Aplicativo?

Você deve ter visto inúmeras soluções – algumas boas, outras nem tanto, que tentam responder a estas perguntas. Algumas focam a solução nos dispositivos (iPad x Kindle), outras em sistemas operacionais (iOS x Android), em modelos de negócios (soluções fechadas x soluções abertas), em formatos (EPUB x EPUB3 x iBooks x KF8) e outras são uma mistura de todas essas opções, o que gera milhões de possibilidades... alguns autores já usam o termo *BApp* (*e-book* + *app*) para classificar soluções híbridas que estão aparecendo no mercado.

Não sou o portador do Santo Graal e nem guru da pós-modernidade, mas a web é a resposta para a maioria dessas perguntas. A Open Web Platform, formada por tecnologias, serviços e formatos que orbitam ao redor do HTML5, permite soluções que dão nova vida ao conteúdo: plasticidade, organicidade, modularidade, interatividade e, o que é melhor, ubiquidade!

Leia o livro, ouça o livro, converse com o livro, rabisque o livro, brinque com o livro, estique o livro, amplie o livro, mergulhe no livro, compartilhe o livro, mude o livro, seja coautor do livro, traduza o livro, projete o livro como um holograma, vista o livro! Não são apenas metáforas, são ações reais que estão ao alcance do leitor no mundo digital. Muitas delas já podem ser experimentadas hoje.

Ao contrário de alguns "neochatos", que clamam, proclamam e comemoram o fim do impresso, afirmo que conviveremos com ele por bastante tempo, mas é inevitável atestar a velocidade exponencial com que as mudanças estão se anunciando.

Esta decisão rumo ao futuro não é só uma questão de tecnologia, é uma questão de posicionamento estratégico, onde inovação, consolidação, diferencial competitivo, custos e eficiência são as palavras-chave.

Livros digitais & formatos abertos
– José Fernando Tavares, a convite de Fábio Flatschart

Fundador e diretor de operações da Simplíssimo Livros. Morou na Itália por dezesseis anos, onde trabalhou como designer gráfico. Desde 2008 se dedica aos livros digitais e às técnicas de produção do formato EPUB. É palestrante e professor do curso de Produção de Livros Digitais oferecido pela Simplíssimo Livros.

Simplíssimo Livros
http://www.simplissimo.com.br

Em um mundo que está se tornando cada vez mais digital e que muda rapidamente, é fundamental e vital para o editor ter o próprio conteúdo em um formato reutilizável e aberto, que não esteja vinculado a um software específico.

Uma das soluções propostas até hoje era, e ainda é, o XML. Acredito, porém, que o HTML5 irá assumir a função do XML, por ser mais simples de produzir, aprender e atualizar. A web está adotando cada vez mais esta nova linguagem flexível e reutilizável.

Formato XML
http://www.w3.org/XML

No mundo editorial o caminho é o mesmo. Ter o próprio livro no formato HTML5 permite reutilizar este conteúdo em diferentes modalidades, seja colocando "na nuvem", em forma de site web, seja em *e-book* ou até mesmo impresso.

Acredito que o formato EPUB 3 desempenhe uma função importante. Ele permite "forçar" o editor a transportar ou "converter" o próprio conteúdo para uma linguagem HTML. Pedir a um editor para transformar seu livro diretamente em página web em HTML5 é complicado, mas oferecer a ele o EPUB 3, um formato empacotado e com uma estrutura mais semelhante ao livro impresso, é bem mais atraente.

112

Como o EPUB 3 é na realidade um "pacote" que pode conter os arquivos em HTML5, o editor pode "empacotar" o conteúdo neste formato ou então "desempacotá-lo" para ser utilizado em outras formas e plataformas.

O EPUB 3 dá ao editor a possibilidade de fazer uma passagem gradual de um modelo fixo para uma publicação interativa e multiplataforma.

Se a transformação do conteúdo do formato gráfico fixo para uma linguagem de marcação como o HTML5 for bem feita, as futuras transformações e reutilizações serão simples e com custos reduzidos.

ACESSIBILIDADE

Cesar Cusin

Por que acessibilidade?

Primeiramente vamos tratar de números, pois infelizmente para alguns o assunto só se justifica com base em estatística e não em responsabilidade. Vejamos:

Em dez anos os usuários com deficiência no Brasil, de acordo com o censo do Instituto Brasileiro de Geografia e Estatística (IBGE) de 2000 e 2010, saltaram de 14,5% para 23,9% da população. Estes usuários têm dificuldade em acessar os serviços presencialmente e devem ser capazes de fazer pleno uso desses novos serviços online para tornar sua vida integrada digital e socialmente.

Cientes dos números, vamos agora para a parte prática: é necessário e ponto. Faz parte das atribuições de qualquer bom desenvolvedor, é lei, está previsto da Constituição e conta-se ainda com uma quantidade enorme de outras leis que amparam os usuários com necessidades especiais, sejam eles temporários ou não, advindos ou não do avanço da idade.

Para fins de elucidação, trato aqui de acessibilidade – não da predial, não menos importante, mas a proposta deste livro é tratar do meio eletrônico, informacional digital; para tanto, trato da acessibilidade neste contexto.

Acessibilidade é a capacidade de transmitirmos dados/informação em ambientes informacionais digitais adaptáveis ao contexto do usuário, às suas necessidades especiais, de provermos uma representação informacional (veremos isso mais adiante) que atenda, se não a todos, ao menos à maioria da população.

CUSIN, C. A.; VIDOTTI, S. A. B. G. Acessibilidade em Ambientes Informacionais Digitais. **DataGramaZero Revista de Informação**, v. 14, n. 1, fev. 13 – Artigo 02
http://goo.gl/LDmH0

BORKO, H. **Information Science:** What Is It? American Documentation (pre-1986); Jan 1968; 19, 1; ABI/INFORM Global

INGWERSEN, P. Conceptions of information science. In: VAKKARI, P., CRONIN, B. (ed.) **Conceptions of library and information science:** historical, empirical and theoretical perspectives. London: Taylor Graham, 1992. p. 299-312.

A título de curiosidade, a acessibilidade vem sendo pensada há longo tempo. Em 1968 já se afirmava que a Ciência da Informação se preocupava com acessibilidade, fato que veio se confirmar em 1992, com Peter Ingwersen discorrendo sobre o interesse da Ciência da Informação pela acessibilidade atrelada ao uso.

Posteriormente, tratada então como ciência, abordaremos acessibilidade como pretendemos: acessibilidade web.

Acessibilidade web

Acessibilidade web significa que pessoas com necessidades especiais podem usar a web. Especificamente, significa que pessoas com necessidades especiais podem compreender, entender, navegar, interagir e contribuir com a web.

A acessibilidade web apresenta outros benefícios, inclusive para pessoas com mais idade, cujas habilidades vão diminuindo com o passar do tempo.

Tratar de acessibilidade web significa desenvolver estratégias, recomendações e recursos para tornar a web acessível a usuários com necessidade especial.

Liddy Neville dizia que o significado de acessibilidade web é mais amplo e trata da harmonia bem-sucedida entre informação e comunicação com relação às necessidades e preferências individuais de um usuário, permitindo que este interaja e perceba o conteúdo intelectual da informação ou comunicação. O conceito inclui ainda a capacidade de usar qualquer tecnologia assistiva ou dispositivo envolvido em seu contexto que atenda aos padrões convenientemente escolhidos.

A saber, tecnologia assistiva compreende dispositivos, equipamentos, instrumentos, tecnologias e softwares especialmente produzidos com o objetivo de eliminar barreiras à falta de acessibilidade ou compensar alguma necessidade especial. Em suma, um sistema alternativo de acesso.

Com o objetivo de tornar o conteúdo informacional digital acessível, destaca-se o consórcio internacional World Wide Web Consortium (W3C), com seus padrões e recomendações.

W3C: Introduction to Web Accessibility
http://goo.gl/GXccM

W3C: Getting Started with Web Accessibility
http://goo.gl/UlgpH

NEVILE, Liddy. **Metadata for User-Centred, Inclusive Access to Digital Resources:** Realising the Theory of AccessForAll Accessibility. 2008. 273p. Thesis (Doctor of Philosophy) – School of Mathematical and Geospatial Sciences. Science, Engineering and Technology Portfolio. RMIT University, 2008.

ISO 9999. **Assistive products for persons with disability:** Classification and terminology. Fourth edition. International Standard. 2007.

Acessibilidade no contexto do World Wide Web Consortium (W3C)

Shawn Henry
http://goo.gl/wVXyj

Shawn Lawton Henry, responsável pela *Web Accessibility Initiative* (WAI), acredita "que os web designers e desenvolvedores devem entender a importância da acessibilidade e o quanto uma web acessível aumenta o poder das pessoas com necessidades especiais e da sociedade como um todo".

O WAI é um órgão do W3C que desenvolve estratégias, *guidelines* (guias) e recursos para tornar a web acessível a todas as pessoas com problemas relacionados à falta de acessibilidade.

Aaron Leventhal
http://goo.gl/EFxgN

Aaron Leventhal reforça esta afirmação apontando que se deve pensar em uma estrutura que beneficie a todos quando se reforça o uso de padrões para tornar a web acessível. Aaron cita também a preocupação com os dispositivos móveis, relatando que estes não podem ser ignorados, a necessidade de criar seções no site específicas com marcações semânticas, potencializando o site, a usabilidade, a acessibilidade e facilitando o acesso ao conteúdo informacional também em dispositivos móveis e propiciando o melhor uso de tecnologias assistivas, que são todo hardware e/ou software usado para potencializar, manter ou melhorar as capacidades funcionais de usuários com deficiência. Elas proporcionam acessibilidade às informações e serviços e, em geral, melhoram a qualidade de vida dos usuários com necessidades especiais.

NIELSEN, Jakob.
Designing Web Usability.
1 ed. Peachpit Press, 2000.

O mestre Jakob Nielsen afirma que é necessário planejar uma exposição em estágios da acessibilidade, e, mesmo que não seja possível criar um site totalmente acessível, deve-se ter a responsabilidade de incluir o maior número possível de recursos de acessibilidade na página. Nielsen reforça que para um site ser acessível ele deve remover obstáculos do usuário, suprindo assim sua necessidade especial.

Neste cenário, o W3C/WAI apresenta três guias essenciais para a composição da acessibilidade web: o Guia de Acessibilidade para Conteúdo Web (*Web Content Accessibility Guidelines* – WCAG), o Guia de Acessibilidade para Ferramentas de Autoria (*Authoring Tool Accessibility Guidelines* – ATAG) e o Guia de Acessibilidade para Agentes do Usuário (*User Agent Accessibility Guidelines* – UAAG).

Com isso, a acessibilidade web depende do relacionamento entre diferentes componentes e de como o aperfeiçoamento de componentes específicos podem melhorar substancialmente as condições de acesso.

É essencial que diferentes componentes do desenvolvimento e da interação web se relacionem entre si com o objetivo de tornar a web acessível às pessoas com deficiência. Estes componentes abrangem:

- **Conteúdo:** que a informação em uma aplicação web ou website tenha:

    - Informação natural com texto, imagens e sons.

    - Código ou linguagem de marcação que defina a sua estrutura, apresentação etc.

- *Browsers* **web,** *players* **e outros agentes do usuário**.

- **Tecnologias assistivas, em alguns casos:** leitores de tela, teclados alternativos etc.

- **O conhecimento** dos usuários, suas experiências.

- **Desenvolvimento:** participação de designers, programadores, autores, etc. no desenvolvimento do website, inclusive com a participação de pessoas com necessidades especiais e usuários que possam contribuir para o conteúdo.

- **Softwares para criar websites** *(authoring tools).*

W3C: Essential Components of Web Accessibility
http://goo.gl/TS86q

- **Ferramentas de avaliação/validação da acessibilidade web** *(evaluation tools)*, *HTML Validator* (validador da HTML e XHTML), *CSS Validator* (validador das CSS – folhas de estilo) etc.

Os desenvolvedores geralmente utilizam softwares (*authoring tools*) para desenvolver conteúdos web e usam ferramentas de avaliação/validação (*evaluation tools*) para criar websites. Os usuários utilizam *browsers*, *players*, tecnologias assistivas ou outros agentes do usuário para captar e interagir com o conteúdo web. Essa é a relação entre desenvolvedores e usuários no que tange à disponibilização de conteúdo informacional – aliás, o que é informação?

Informação

Vamos trazer antes o conceito de dado, que é a matéria-prima para a informação. Epistemologicamente falando, trata-se de matéria-prima sem contexto – isso mesmo, sem contexto, como algo sem ligação ou link com absolutamente nada, que carece de uma ambiência informacional onde faça algum sentido.

Agora sim, estamos aptos para, de uma forma lógica, tratar também epistemologicamente do conceito de informação: um ou mais dados contextualizados. Simples assim. Isso explica por que algumas vezes algo não faz sentido para uns e diz tudo para outros.

Informação move o mundo e só os preparados para recebê-la podem decidir algo em um determinado momento; isso se chama competência informacional (que será abordada mais adiante neste livro).

Ainda sobre o tema informação, cito aqui Michael Buckland, que traz três conceitos sobre informação, a saber:

> BUCKLAND, Michael K. Information as thing. **Journal of the American Society for Information Science** (JASIS), v. 45, n. 5, p. 351-360, 1991

- **Informação-como-processo:** ao informar alguém, seus conhecimentos são modificados. Assim, informação é o ato de informar.

- **Informação-como-conhecimento:** para se denotar o que se é compreendido na informação-como-processo, usa-se o termo informação. Também pode ser dito que a informação-como-conhecimento é aquela que reduz a incerteza.

- **Informação-como-coisa:** o termo informação é também atribuído a objetos, bem como a dados para documentos, que são considerados informação, visto que são informativos.

O mesmo autor nos traz um dilema dizendo que: se qualquer coisa é ou pode ser informativa, então tudo é, ou provavelmente é, informação.

Particularmente, concordo plenamente com o dilema de Buckland, pois tudo tem potencial informacional e depende do contexto do usuário (e aí volto a lembrar da competência informacional).

Conteúdo informacional

Partindo do princípio de que agora temos claro o conceito de informação, precisamos tratar sobre como representar o conteúdo informacional. Existem as mais variadas formas de representar um conteúdo informacional, das mais tradicionais às mais atuais, a saber: partimos do desenho, desde os primórdios da civilização, e passamos pelo texto. Avançando um pouco, temos os gráficos; e atualmente temos a participação do usuário, que ativamente pode escolher qual a representação específica para sua necessidade, seja ela especial ou não. Lembremo-nos aqui da acessibilidade tratada em tópicos anteriores; porém, aqui cabe um adendo importante.

Para uma melhor representação do conteúdo informacional, propostas de acesso universal sobre acessibilidade precisam ser atualizadas e ampliadas no contexto das Tecnologias da Informação e Comunicação (TIC). É necessário levar em consideração outros elementos essenciais para tal objetivo; os atuais esforços que buscam o acesso a todos ainda ignoram elementos importantes para obter acessibilidade. Precisa-se de uma proposta que unifique todos esses esforços, olhando de uma forma ampla.

Nesse contexto, apresentam-se os seguintes fatos:

- Os metadados de acessibilidade utilizados para representação de conteúdos em ambientes informacionais digitais não contemplam as descrições dos recursos digitais que atendam às necessidades dos usuários.

- A arquitetura da informação carece de novos elementos de acessibilidade digital com foco nas necessidades dos usuários.

- As recomendações de acessibilidade internacionais, isoladamente, não garantem subsídios para o acesso universal.

Diante do exposto, atualmente ainda necessita-se de desenvolvimento de metodologias com diretrizes que contemplem os elementos de acessibilidade digital focados na tarefa do usuário, melhorando assim sua interação em ambientes informacionais digitais.

Para tratar da informação e de seus ambientes informacionais digitais conta-se com a:

> Ciência da Informação, que é uma área interdisciplinar que trata desde a construção do conteúdo informacional, da origem, produção, coleta, seleção, interpretação, da sua compreensão, de suas propriedades, do seu comportamento, organização, armaze-

namento, transformação, tratamento, filtragem, fluxo, mediação, representação, de sua comunicação, disseminação, transmissão, de seu acesso e acessibilidade, de sua recuperação, uso e usabilidade, levando em consideração também os aspectos tecnológicos no tratamento destas questões.

A proposta de solução para tal empreitada, disponibilização de conteúdo informacional digital, se encontra em minha tese de doutorado citada anteriormente.

CUSIN, C. A. **Acessibilidade em ambientes informacionais digitais.** Tese (Doutorado em Ciência da Informação) Faculdade de Filosofia e Ciências, Universidade Estadual Paulista, Marília, 2010.

Competência informacional

A sociedade da informação é aquela com pleno acesso e capacidade de utilização da informação acessível (de acessibilidade) e do conhecimento para a sua qualidade de vida e seu desenvolvimento individual e coletivo. Porém, o despreparo dos usuários para acessar e usar informações eletrônicas é a falta da competência informacional.

Segundo Marta Pinheiro Aun, competência informacional é:

> Um conjunto de conhecimentos, habilidades e atitudes que capacitam e permitem aos indivíduos interagir de forma efetiva com a informação, seja para a resolução de problemas, a tomada de decisões ou o aprendizado ao longo da vida.

AUN, Marta Pinheiro (Coord.) et al. **Observatório da Inclusão Digital:** descrição e avaliação dos indicadores adotados nos programas governamentais de infoinclusão. Belo Horizonte: Orion, 2007. 258 p.

ALBAGLI, Sarita; MACIEL, Maria Lucia. Informação e conhecimento na inovação e no desenvolvimento local. **Ci. Inf**. Vol. 33, n. 3, p. 9-16. Dez. 2004

O fato é que não podemos dizer com total certeza que vivemos em uma sociedade da informação se parte desta dita sociedade depender da competência informacional. É fato: uns fazem parte, outros infelizmente não. Cabe a nós tentar eliminar esse *gap*.

Por isso os projetos de inclusão digital não devem apenas ensinar a utilizar máquinas, chamadas acertadamente pelo meu amigo Clécio Bachini de *commodities*. O cidadão não deve ser habilitado apenas para o acesso, mas também para prover conteúdos relacionados à sua realidade.

O fato é que a inclusão, seja ela qual for, não se limita a ter acesso a informações; ela consiste na aquisição e construção de diferentes tipos de conhecimentos, competências e habilidades.

Constata-se então a importância da competência informacional na era da sociedade da informação para proporcionar a inclusão informacional e digital e melhorar o acesso ao conteúdo. Mostram-se mais uma vez a relevância e a necessidade de uma web acessível.

A web para todos
– Reinaldo Ferraz, a convite de Cesar Cusin

Especialista em desenvolvimento web do W3C Brasil. Formado em design e computação gráfica e pós-graduado em design de hipermídia pela Universidade Anhembi Morumbi em São Paulo. Trabalha há mais de doze anos com desenvolvimento web. Coordenador do Prêmio Nacional de Acessibilidade na web e do Grupo de Trabalho em Acessibilidade na web e representante do W3C Brasil em plenárias técnicas do W3C.

Estamos vivendo um momento único na evolução da comunicação do ser humano. Pela primeira vez temos a possibilidade de produzir conteúdo que pode ser acessado por todas as pessoas, independentemente da sua localização geográfica, idioma ou algum tipo de deficiência. As barreiras físicas estão caindo graças à tecnologia, que permite o acesso a serviços e informação por um dispositivo conectado à rede. A internet é fundamental para a comunicação humana hoje e um dos grandes vetores dessa grande revolução sem dúvida é a web.

A web foi criada para ser interoperável e acessível. Essas duas características permitem que o conteúdo publicado seja acessado em qualquer dispositivo mesmo com limitações técnicas e, independentemente de alguma deficiência que o usuário tenha, como, por exemplo, não conseguir escutar ou enxergar o conteúdo exibido em uma tela. O dispositivo do usuário exibe o conteúdo conforme sua necessidade, desde que esse conteúdo seja codificado de forma que sua máquina consiga entender aquele padrão e reproduzi-lo de forma adequada.

Mas para a web ser acessível não basta simplesmente criar um código, publicá-lo na rede e torcer para que o dispositivo do usuário seja capaz de interpretá-lo. Não podemos deixar a responsabilidade de exibição adequada do conteúdo para a máquina de cada usuário.

O material publicado na web deve seguir algumas diretrizes que possibilitem que pessoas com deficiência consigam acessar o conteúdo e que seus *browsers* ou dispositivos entendam aquela orientação da forma correta. Por isso o

126

W3C: Web Content
Accessibility Guidelines
http://goo.gl/PsiGa

W3C criou as WCAG (*Web Content Accessibility Guidelines*) para orientar desenvolvedores e gestores a tornar a web acessível.

Basicamente as WCAGs (que estão em sua segunda versão) separam as diretrizes de acessibilidade em quatro princípios, que devem ser atendidos para que as páginas web sejam acessíveis. São eles:

- **Princípio 1 – Perceptível:** a informação e os componentes da interface do usuário têm de ser apresentados aos usuários em formas que eles possam perceber.

- **Princípio 2 – Operável:** os componentes de interface de usuário e a navegação têm de ser operáveis.

- **Princípio 3 – Compreensível:** a informação e a operação da interface de usuário têm de ser compreensíveis.

- **Princípio 4 – Robusto:** o conteúdo tem de ser robusto o suficiente para poder ser interpretado de forma concisa por diversos agentes do usuário, incluindo tecnologias assistivas.

Quando planejamos uma interface web acessível estamos indo muito além de beneficiar somente pessoas com deficiência. Ao seguir diretrizes de acessibilidade você está beneficiando todas as pessoas, inclusive você mesmo – afinal, se não cuidarmos hoje das páginas web que estamos criando, no futuro poderemos ter problemas em acessar essas mesmas páginas que nós desenvolvemos.

Acessibilidade para todos
– Horácio Soares, a convite de Cesar Cusin

Fundador da Acesso Digital. Especialista em design, experiência do usuário e usabilidade, é referência em acessibilidade web. Professor de Usabilidade e Experiência do Usuário e de Mobile Marketing da pós-graduação em Marketing Digital da FGV (Fundação Getúlio Vargas) e da FACHA (Faculdades Integradas Hélio Alonso). Realiza palestras, workshops e cursos em dezenas de empresas, instituições, universidades e em eventos pelo Brasil. Editor de artigos, faz parte do Conselho Consultivo do Instituto Intranet Portal e do GT de Acessibilidade na web do W3C Brasil.

Mesmo favorecendo a experiência de acesso e uso para todas as pessoas em diferentes cenários, a acessibilidade web ainda é vista como um recurso caro e que atende somente às pessoas com deficiência. Uma "minoria" ignorada pela maioria dos sites, mesmo com números como do último censo no Brasil (2010), onde se constatou que quase 24% da população brasileira apresenta algum tipo de deficiência. São mitos de longa data, mas que ainda assombram e norteiam as áreas de marketing, desenvolvimento e design de sites, conforme apresentado no artigo "Acessibilidade web: sete mitos e um equívoco".

Acessibilidade web: sete mitos e um equívoco
http://goo.gl/M143b

É incontestável que as pessoas com deficiência são as maiores beneficiadas com a acessibilidade web, pois na falta dela ficam impossibilitadas de executar sozinhas, sem ajuda e boa vontade de terceiros, suas tarefas diárias pela web. Entre outras, fazer compras em um supermercado virtual, pagar contas no *home banking*, consultar a restituição de imposto de renda na Receita Federal, assistir vídeo-aulas por um EAD (ensino à distância), pesquisar informações, consumir produtos e serviços.

Mas, em diferentes contextos, não apenas as pessoas com deficiência, mas todos nós somos diretamente beneficiados pela acessibilidade web. Mais recentemente, o novo e relevante cenário da internet móvel vem reforçar essa tese, pois no mundo dos dispositivos móveis todos precisam interagir com telas e teclados pequenos sem o uso do mouse, utilizando um dedo gordo (*fat finger*) e, nos casos dos smartphones do tipo *touch*, sem receber *feedback* tátil. Para piorar, em alguns momentos, o acesso se dá quando estamos em movimento, utilizando o dispositivo com apenas uma das mãos, luz direta e em locais barulhentos. Ao mesmo tempo em que interagimos com o dispositivo móvel, precisamos monitorar o ambiente a nossa volta, fazendo algo como "fritar o peixe e olhar o gato".

Relationship between Mobile Web Best Practices (MWBP) and Web Content Accessibility Guidelines (WCAG)
http://goo.gl/xZhFh

A iniciativa de acessibilidade web do W3C, o WAI, desenvolveu um documento que faz uma comparação entre o WCAG, documento com as diretrizes de acessibilidade para conteúdo web, com o MWBP, documento com as melhores práticas para dispositivos móveis, e concluiu que as necessidades das pessoas com deficiência nos computadores tradicionais, como os desktops, são muito próximas aos requisitos de usabilidade para todas as pessoas em ambientes *mobile*.

Por exemplo, no desktop, o uso de textos com tamanho reduzido, baixo contraste, fontes estilizadas e, nos casos dos links, pouco ou nenhum destaque, pequena área para o clique e espaço quase inexistente entre eles e outros elementos podem prejudicar ou mesmo impedir que pessoas com daltonismo, baixa visão, deficiência motora e pessoas acima de 65 anos tenham acesso às informações e aos serviços que precisam. Barreiras essas que no ambiente dos dispositivos móveis são potencializadas e prejudicam diretamente todas as pessoas, independentemente de suas características.

Preparar sites para os dispositivos móveis pode ajudar diretamente a acessibilidade e usabilidade em todos os ambientes, principalmente para desktop, onde normalmente são esquecidas. Mas é preciso repensar o processo, pois, ao invés de adaptar o design, o conteúdo e os serviços da versão desktop para a nova versão *mobile*, a ideia é fazer exatamente o caminho inverso. Seguindo a técnica do "Mobile First", criada pelo designer Luke Wroblewski, deve-se começar um "redesign" ou novo projeto web sempre pela versão móvel, para só depois então projetar a versão desktop. Como resultado, obtemos uma versão móvel otimizada para atender às especificações e necessidades dos pequenos dispositivos e uma versão desktop mais leve e objetiva, impregnada pela simplicidade, acessibilidade e usabilidade do dispositivo menor.

Luke Wroblewski
http://www.lukew.com

DO BANCO DE DADOS AO BIG DATA

Cesar Cusin

Big Data

Partindo do conceito de dados e de que banco significa uma coleção de algo, temos aí o banco de dados, que nada mais é do que a coleção de dados devidamente organizados em tabelas para fins de armazenamento e posterior consulta para tomada de decisão.

O fato que é os dados crescem exponencialmente, e atualmente em grandes empresas fala-se de petabytes de informação! Sendo assim, os bons e velhos bancos de dados já não suportam tanta informação nem oferecem o desempenho necessário para a tomada de decisão imediata que se exige atualmente.

Não estou aqui aposentando o que temos hoje de banco de dados comerciais nem os *datacenters* (que também carecem de semântica); o fato é que temos que pensar um pouco mais à frente – afinal, não é esta a missão dos cientistas?

Também não podemos fazer confusão entre *Data Warehouse* e *Big Data*. O primeiro está baseado na integração de assuntos (que também carece de semântica), variável em relação ao tempo e para tomada de decisão (fato em que o *Big Data* também trabalha); já *Big Data* está baseado em grande volume de dados e velocidade.

Dentre suas várias definições, a que mais se aproxima do real é a de que temos muita informação que deve estar disponível com um tempo de resposta extremamente rápido, ou melhor, em tempo real:

Muitos dados armazenados + Tempo de resposta rápido = *Big Data*

A grande ideia do *Big Data* é transformar rapidamente dados em informações estratégicas, gerando assim vantagem competitiva.

Estamos falando aqui de uma estrutura que propicie um armazenamento pensado estrategicamente, arquitetado para oferecer um bom desempenho em termos de resposta ao chamado do usuário. Estamos tratando então de parte de temáticas da ciência da informação, a saber: armazenamento e recuperação da informação.

Big Data é ciência e assim deve ser tratado, por isso trata-se agora da escalabilidade.

Escalabilidade

Vivemos em uma época em que já falamos em *streaming* de dados, de apresentação de informações via *dashboards* em tempo real e, para que isso se torne realidade, precisamos de tecnologia para proporcionar escalabilidade (estar preparado para crescer). Em se tratando de *Big Data,* têm-se muitos elementos que devem ser levados em consideração para obtermos a escalabilidade.

O *Big Data* veio para suprir essa e outras demandas por informação imediata – repito: informação, e não dados. Falamos aqui de informação para tomar uma decisão e que deve seguir os sete critérios que a informação deve ter:

- eficácia;

- eficiência;

- confidencialidade;

- integridade;

- disponibilidade;

- conformidade;

- confiabilidade.

Por serem muito relevantes, vamos tratar cada um dos critérios individualmente:

- **Eficácia:** lida com a informação relevante e pertinente para o processo de negócio, sendo entregue a tempo, de maneira correta, consistente e utilizável.

- **Eficiência:** relaciona-se com a entrega da informação através do melhor (mais produtivo e econômico) uso dos recursos.

- **Confidencialidade:** está relacionada com a proteção de informações confidenciais para evitar a divulgação indevida.

- **Integridade:** relaciona-se com a fidedignidade e totalidade da informação, bem como sua validade de acordo os valores de negócios e expectativas.

- **Disponibilidade:** relaciona-se com a disponibilidade da informação quando exigida pelo processo de negócio hoje e no futuro.

- **Conformidade:** lida com a aderência a leis, regulamentos e obrigações contratuais aos quais os processos de negócios estão sujeitos, isto é, critérios de negócios impostos externamente e políticas internas.

- **Confiabilidade:** relaciona-se com a entrega da informação apropriada para os executivos para administrar a entidade e exercer suas responsabilidades fiduciárias e de governança.

Atender a todos esses critérios em tempo real com uma base de dados gigante é missão para o *Big Data.*

Os 3 "Vs" do *Big Data*

Aliado a todos os fatores apontados anteriormente, o *Big Data* tem também que trabalhar com os chamados 3 "Vs", a saber:

- volume;

- velocidade;

- variedade.

Sobre o volume, estamos falando dos volumes de dados a serem trabalhados. A respeito da velocidade, também já mencionamos que se trata da velocidade de resposta ao chamado do usuário; nos resta então o último dos três "Vs", a variedade, que temos agora que discutir.

Temos uma variedade de sistemas operacionais, uma variedade de arquiteturas de informação, de infraestrutura, de formas de exibição, uma variedade de ambiências informacionais que precisam se relacionar e ser transparentes ao usuário. Reafirmo: é ciência. E assim deve ser tratado.

Soma-se a esses fatores o que tratamos agora há pouco sobre atender às necessidades dos usuários (acessibilidade). Sim, está ligado a entregar informação ao usuário, aos critérios da informação, em especial à eficácia — ora, será eficaz se não atender à necessidade do usuário?

A importância da semântica

Se uma das premissas do *Big Data* é recuperar dados e gerar informação com maior velocidade, a semântica é uma forte aliada. Senão vejamos: semântica é o estudo do significado; em especial, estuda o significado usado por seres humanos para se expressar através da linguagem.

Ora, se damos significado aos dados, criamos uma camada que fica em cima do armazenamento de dados através dos agrupamentos de dados reunidos de diferentes fontes. Podemos dizer que são vários olhares sobre o mesmo dado.

A graça do estudo semântico é que, se temos vários olhares diferentes, a semântica dará conta de eliminar duplicidades ou de relacionar o que for necessário.

Semântica correta é sinônimo de tempo de busca menor, maior desempenho, custo por informação menor. É o sonho de toda empresa.

Sabe-se que o conceito e o estudo da semântica não é novo; porém, mesclá-lo aos demais estudos (como neste caso, com o *Big Data*) é necessário e traz resultados.

AS SETE FACES DA OPEN WEB PLATFORM

Clécio Bachini

Nenhuma tecnologia Open Web deve ser patenteada. Elas são livres e abertas para serem usadas, modificadas e distribuídas. Aí começa a revolução da Open Web, começa a revolução das interfaces. Pois neste instante algum garoto pode estar montando um Autocad usando somente um editor de texto simples, no quarto da sua casa.

A pergunta agora é: o que podemos fazer com isto? Como escolher um caminho? Como projetar algo para a Open Web?

Muito bem. Tentei classificar a Open Web em sete abordagens. Claro que parei no número 7 para parecer algo místico e mágico. É o que tratamos a seguir: um guia para escolher um caminho, uma abordagem ou uma técnica para a sua solução Open Web.

Autodesk
http://www.autodesk.com.br

Figura 18. W3C: Eu vi o futuro. Ele está no meu navegador.

Web de documentos/Web síncrona

Figura 19. HTML5: *Semantics*

A abordagem clássica, onde a página web é um documento estático.

W3C: HTML Microdata Nightly
http://goo.gl/67yxd

Esta é a abordagem preferida quando se fala de SEO e semântica, pois o documento é montado como está no HTML, facilitando o trabalho dos robôs de indexação. Numa abordagem Open Web, é interessante pensar que cada objeto na página (textos, imagens, cabeçalhos, rodapés, menus) deve ter seu conteúdo semanticamente planejado e descrito em forma de *tags* ou microdados.

O documento em questão pode ser montado diretamente em HTML ou, como é mais comum atualmente, gerado por algum sistema no lado do servidor. Para o gestor, não importa o tipo de sistema ou linguagem que vai gerar o código HTML, e sim a qualidade do código gerado.

Ter seu HTML gerado no servidor não quer dizer que seu código passa a ser dinâmico no cliente. Para ser mudado de alguma forma, uma nova requisição deve ser feita ao servidor, e uma nova página deve ser gerada.

Web de dados/Ajax/Web assíncrona

Figura 20. HTML5: *Styling*

É a web da era do AJAX, em que se recebem dados em XML, JSON ou mesmo HTML para complementar o documento estático previamente carregado.

Complementa a primeira face, com o diferencial de podermos determinar que partes do documento podem ser modificadas **depois** que este já foi montado no cliente. Ou seja, a página inteira já está sendo mostrada, e mesmo assim eu posso receber dados do servidor e modificar objetos.

Um exemplo disso é a edição de documentos do Google Docs, agora Google Drive. A página já foi originalmente carregada, mas você pode ver seus amigos editando o documento em tempo real enquanto você também digita. Os dados estão sendo recebidos por uma requisição assíncrona, ou seja, não depende do recarregamento da página. Este é um tipo de chamada de dados realizado pelo *JavaScript*.

O que acontece neste processo: o *script* solicita dados do servidor. Se este responder positivamente, os dados podem ser montados com objetos e enviados para uma região selecionada do código, gerando uma modificação no documento em tempo real.

Ajax (Asynchronous JavaScript and XML)
http://goo.gl/sJI50

Google Drive
https://drive.google.com

- **Vantagem:** gera páginas mais dinâmicas e atrativas, com estilo de aplicativo.

- **Desvantagem:** o código que é montado depois da página original ser carregada geralmente não é indexado por mecanismos de busca. Ou seja, fica invisível para o Google ou para o Bing, a não ser que alguma manobra específica seja feita para que a indexação ocorra, o que é trabalhoso.

Ou seja, AJAX é fantástico para páginas que não têm o objetivo de indexação nos mecanismos de busca. Caso contrário, o melhor é a abordagem tradicional.

Web de aplicações offline

Figura 21. HTML5: *Offline Storage*

São aplicações 100% web que rodam no *browser*, mas que não precisam de conexão. Um jogo, por exemplo.

O jogo "Cut the Rope" é um aplicativo em HTML5 que funciona dentro do seu *browser*, mas que não precisa da internet.

Cut the Rope
http://goo.gl/9SLNf

Neste caso, o aplicativo completo está contido nas tecnologias da Open Web. Utiliza *canvas* para animação, API de áudio para a música e o acesso ao banco de dados local para armazenar a pontuação e as fases. Ou seja, é um aplicativo completo, independente de um servidor ou de qualquer *plug-in*.

Use esta abordagem para aplicativos que possam ser baixados de forma completa, armazenados localmente e que não necessitem de comunicação com servidor.

Web de aplicações online/assíncrona

Figura 22. HTML5: *Performance*

Esta abordagem contém todas as características da anterior, exceto pelo fato de utilizar conexões com servidor. Porém, essas conexões não são necessariamente feitas todo o tempo. Elas são requisitadas somente para comunicação de dados complementares.

Como exemplo podemos citar uma aplicação para representantes de vendas que visitam seus clientes. O aplicativo pode ter o catálogo de produtos offline, não dependendo da internet para ser mostrado. Os pedidos também podem ser armazenados localmente. Porém, os dados podem ser sincronizados e transmitidos para o servidor toda vez que uma conexão com a internet estiver disponível.

Aplicativos híbridos direcionados a documentos

Figura 23. HTML5: *Multimedia*

Os sistemas operacionais modernos para *mobile* como o iOS e o Android contêm um módulo em suas linguagens nativas que nada mais é do que um *browser* para ser embutido em suas aplicações nativas. Este módulo tem o nome de *WebView*.

O *WebView* é utilizado como intermediário entre uma interface web e os recursos nativos do sistema operacional móvel.

A abordagem que estamos tratando utiliza o *WebView* da maneira mais pobre: com um *browser* carregando páginas estáticas vindas da web, como na abordagem clássica (primeiro item das sete faces).

Um exemplo é o antigo aplicativo do Facebook para iOS e Android. Há um ícone e alguns arquivos locais. Mas todo o resto é baixado do servidor, páginas inteiras de HTML, imagens etc.

Essa abordagem deve ser desencorajada. Ela leva o usuário a pensar que aplicativos feitos em HTML5 são menos eficientes do que os nativos, o que não é verdade.

Além disso, sua eficiência depende da velocidade da conexão de dados do cliente, o que, no caso do Brasil, sabemos que não é uma boa aposta.

Aplicativos híbridos assíncronos

Figura 24. HTML5: *Connectivity*

São construídos em linguagens nativas (*Objective C* para iOS ou Java para Android) utilizando *WebView*. Tem a interface Open Web (HTML, CSS, *JavaScript*) offline, contida em arquivos instalados juntos com o aplicativo, bem como *assets*: imagens, áudio, vídeo e outros.

Tendo os elementos da interface Open Web já presentes, a conexão não é necessária para o funcionamento do aplicativo. A não ser que este necessite de dados presentes em servidor.

Neste caso, uma requisição é realizada e somente os dados necessários são baixados. Geralmente em JSON, XML ou HTML, mas também pode ser algum *streaming* de mídia que necessite de internet.

Esta é a melhor abordagem para o atual período de transição entre os aplicativos em linguagens nativas de cada plataforma e os aplicativos universais em Open Web. Ela possibilita um grande reaproveitamento de código, responsividade nativa e testes através de *browsers*, tornando o projeto mais competitivo em termos de tempo e orçamento.

Aplicações web nativas

Figura 25. HTML5: *Device access*

Estão surgindo sistemas operacionais com interface Open Web. E, na minha opinião, são uma tendência. Esses sistemas têm o *browser* como mecanismo de interface integrado de forma transparente. Ou seja, o usuário já não nota que está na web, ele utiliza os recursos da web como sempre usou no Windows, Mac OS, Gnome, KDE, iOS ou Android.

Os dois principais produtos no mercado hoje são o Google Chrome OS e o Mozilla Firefox OS. Neles, não existe mais a camada de tradução entre as tecnologias Open web e os sistemas nativos. As aplicações são 100% programadas em Open Web.

Google Chrome OS
http://goo.gl/MI9ml

Mozilla Firefox OS
http://goo.gl/StNym

Ou seja, tudo é apenas uma aplicação em HTML, CSS e *JavaScript*.

Sendo assim, subtrai-se um tempo importante de processamento e unificam-se as linguagens de desenvolvimentos de interface. Além disso, se o aplicativo seguir os padrões da web, ele será universal, independente de hardware ou sistema operacional. Mais do que isso: será responsivo, adaptando-se ao ecossistema onde está inserido.

Isto muda um paradigma de desenvolvimento importante: o foco deixa de ser o sistema operacional ou hardware para ser a experiência do usuário.

Figura 26. HTML5: *3D effects*

Um aplicativo Open Web pode se comportar de uma maneira no desktop, de outra no tablet e mais outra no dispositivo móvel de tela pequena. Uma aplicação, diversas experiências.

Assim, a preferência pelo hardware passa a ser uma escolha por gosto ou desempenho, não mais exclusividade ou status. O dispositivo ou sistema operacional sai do centro da discussão e entram grandes soluções, grandes experiências de interação.

BIBLIOGRAFIA

ANDERSON, Chris. **A cauda longa:** do mercado de massa para o mercado de nicho. Rio de Janeiro: Elsevier, 2005.

AUN, Marta Pinheiro (Coord.) *et al.* **Observatório da Inclusão Digital:** descrição e avaliação dos indicadores adotados nos programas governamentais de infoinclusão. Belo Horizonte: Orion, 2007.

BUCKLAND, Michael K. Information as thing. **Journal of the American Society for Information Science (JASIS)**, 1991.

CUSIN, C. A. **Acessibilidade em ambientes informacionais digitais.** Tese (Doutorado em Ciência da Informação) – Faculdade de Filosofia e Ciências, Universidade Estadual Paulista, Marília, 2010.

CRONIN, B. (ed.). **Conceptions of library and information science:** historical, empirical and theoretical perspectives. London: Taylor Graham, 1992.

ERIC, Enge. **A arte de SEO:** dominando a otimização dos mecanismos de busca. São Paulo: Novatec, 2010.

FLATSCHART, Fábio. **HTML5:** Embarque Imediato. Rio de Janeiro: Brasport, 2011.

GOSCIOLA, Vicente. **Roteiro para as Novas Mídias:** do game à TV interativa. São Paulo: Senac, 2003.

ISO 9999. **Assistive products for persons with disability:** Classification and terminology. 4th ed. International Standard, 2007.

JOHNSON, Steven. **Cultura da interface:** Como o computador transforma nossa maneira de criar e comunicar. Rio de Janeiro: Zahar, 2001.

KEEN, Andrew. **O culto do amador:** como blogs, MySpace, YouTube, e a palavra digital estão destruindo nossa economia, cultura e valores. Rio de Janeiro: Zahar, 2009.

MACEDO, Walmírio. **O livro da semântica:** estudo dos signos linguísticos. Rio de Janeiro: Lexikon, 2012.

MCLUHAN, Marshall. **Os meios de comunicação como extensões do homem.** São Paulo: Cultrix, 1969.

NEVILE, Liddy. **Metadata for User-Centred, Inclusive Access to Digital Resources:** Realising the Theory of Access For All Accessibility. 2008.

NIELSEN, Jakob. **Designing Web Usability.** 1st ed. Peachpit Press, 2000.

PINKER, Steven. **Como a mente funciona.** São Paulo: Companhia das Letras, 1999.

SCHWARTZ, Barry. **O paradoxo da escolha:** por que mais é menos. São Paulo: A Girafa, 2007.

SUROWIECKI, James. **A Sabedoria das Multidões.** São Paulo: Record, 2006.

TANCER, Bill. **Click:** O que milhões de pessoas estão fazendo online e por que isso é importante. Rio de Janeiro: Globo, 2009.

VANOYE, Francis. **Usos da linguagem.** São Paulo: Martins Fontes, 1981.

WAGNER, Richard. **The Art Work of the Future and other works.** Lincoln and London, 1994.

CRÉDITOS DAS IMAGENS

Todas as imagens utilizadas neste livro estão publicadas no Wikimedia Commons (http://commons.wikimedia.org) e são de domínio público ou estão sob alguma forma de licença livre (*copyleft*), tais como:

- GNU Free Documentation License – http://www.gnu.org/licenses/fdl.html

- Creative Commons CC-B – http://creativecommons.org/licenses/by/3.0

- Creative Commons CC-BY-AS – http://creativecommons.org/licenses/by-sa/3.0

Figura 1. Bonecas russas
http://commons.wikimedia.org/wiki/File:Russian_Dolls_(288377539).jpg
By aussiegall from sydney, Australia (Russian Dolls Uploaded by russavia)
Creative Commons Attribution 2.0 Generic

Figura 2. Maçã vermelha
http://commons.wikimedia.org/wiki/File%3ARed_Apple.jpg
By Abhijit Tembhekar from Mumbai, India (Nikon D80 Apple)
Creative Commons Attribution 2.0 Generic

Figura 3. Logo World Wide Web Consortium (W3C)
http://www.w3.org/Consortium/Legal/logo-usage-20000308.html
This image only consists of simple geometric shapes and/or text. It does not meet the threshold of originality needed for copyright protection, and is therefore in the public domain.
W3C logos and icons may be used without requesting permission from W3C.

Figura 4. Logo HTML5
http://www.w3.org/html/logo/index.html
By W3C
Creative Commons Attribution 3.0 Unported

Figura 5. Telégrafo Morse
http://commons.wikimedia.org/wiki/File:Morse_telegraph.jpg
Public domain

Figura 6. Grafeno
http://commons.wikimedia.org/wiki/File:Graphene-3D-balls.png
By Jynto Creative Commons CC0 1.0 Universal Public Domain Dedication

Figura 7. Multidão representada em ilustração da coleção *Burton's Pilgrimage to Al-Madinah & Meccah* **– c. 1855**
http://commons.wikimedia.org/wiki/File:Burton_Crowd.gif
By Richard Francis Burton (Second Edition of Burton's "Pilgrimage")
Public domain

Figura 8. Código Binário
http://commons.wikimedia.org/wiki/File:Binary_Code.jpg
By Cncplayer (Own work)
Creative Commons Attribution-Share Alike 3.0 Unported

Figura 9. *Omnis sapientia a Domino Deo,* **Brasão do Bispo de Asti (1867 – 1881)**
http://commons.wikimedia.org/wiki/File:Savio-stemma.jpg
By Cinnamologus (Circolare della Curia vescovile di Asti)
Public domain

Figura 10. Ilustração do livro *Brehms Tierleben* **(***Brehm's Life of Animals***) de Alfred Edmund Brehm (1829–1884)**
http://commons.wikimedia.org/wiki/File:Primates-drawing.jpg
Public domain

Figura 11. Lápis escolar da *Hungarian Stationery Factory* **(ÍGY), Budapeste 1963**
http://commons.wikimedia.org/wiki/File:Blue_red_school_pencil,_Hungarian_Stationery_Factory,_Budapest_1963.jpg
Permission is granted to copy, distribute and/or modify this document under the terms of the GNU Free Documentation License, Version 1.2 or any later version published by the Free Software Foundation; with no Invariant Sections, no Front-Cover Texts, and no Back-Cover Texts. A copy of the license is included in the section entitled GNU Free Documentation License.
Creative Commons Attribution-Share Alike 3.0 Unported

Figura 12. Logo Web Semântica (W3C)
http://commons.wikimedia.org/wiki/File:Logo_Semantic_Web.svg
By W3C (http://www.w3.org/2007/10/sw-logos.html)
Creative Commons Attribution 3.0 Unported

Figura 13. *Sator Arepo Tenet Opera Rotas*
http://commons.wikimedia.org/wiki/File:Sator_Square_at_Opp%C3%A8de.jpg
By M Disdero (Taken at Oppede, Luberon, France)
Creative Commons Attribution-Share Alike 3.0 Unported

Figura 14. Thomas Edison
http://commons.wikimedia.org/wiki/File:Thomas_Edison2-crop.jpg
By Louis Bachrach, Bachrach Studios, restored by Michel Vuijlsteke
Public domain

Figura 15. Voyager Golden Record
http://commons.wikimedia.org/wiki/File:The_Sounds_of_Earth_Record_Co-ver_-_GPN-2000-001978.jpg
By NASA/JPL
Public domain

Figura 16. Libreto do prólogo de Orfeo – 1607
http://commons.wikimedia.org/wiki/File:Orfeo_libretto_prologue.jpg
By Claudio Monteverdi (1567–1643)
Public domain

Figura 17. A bíblia de Gutenberg
http://commons.wikimedia.org/wiki/File:Gutenberg_bible.jpg
By Gutenberg (www.smu.edu)
Public domain

Figura 18. W3C: Eu vi o futuro. E ele está no meu navegador
http://www.w3.org/html/logo/index.html
By W3C
Creative Commons Attribution 3.0 Unported

Figura 19. HTML5: *Semantics*
http://www.w3.org/html/logo/index.html
By W3C
Creative Commons Attribution 3.0 Unported

Figura 20. HTML5: *Styling*
http://www.w3.org/html/logo/index.html
By W3C
Creative Commons Attribution 3.0 Unported

Figura 21. HTML5: *Offline Storage*
http://www.w3.org/html/logo/index.html
By W3C
Creative Commons Attribution 3.0 Unported

Figura 22. HTML5: *Performance*
http://www.w3.org/html/logo/index.html
By W3C
Creative Commons Attribution 3.0 Unported

Figura 23. HTML5: *Multimedia*
http://www.w3.org/html/logo/index.html
By W3C
Creative Commons Attribution 3.0 Unported

Figura 24. HTML5: *Connectivity*
http://www.w3.org/html/logo/index.html
By W3C
Creative Commons Attribution 3.0 Unported

Figura 25. HTML5: *Device access*
http://www.w3.org/html/logo/index.html
By W3C
Creative Commons Attribution 3.0 Unported

Figura 26. HTML5: *3D effects*
http://www.w3.org/html/logo/index.html
By W3C
Creative Commons Attribution 3.0 Unported

ÍNDICE REMISSIVO

A

acelerômetro 30, 33
acessibilidade IX, 19, 91, 108, 115-120,
    122-124, 126-128, 136
Algoritmo 48
ARIA 91
ARPANet 16, 17
arte total 103
assíncrona 143, 146
assistiva 117

B

Big Data XIV, 39, 53, 131, 133-137
bits 90, 105, 109
broadcast 37, 100
browser 3, 5, 21, 23, 24, 87, 96, 98, 100,
    101, 107, 108, 120, 125, 145, 147-149

C

canvas 24, 87, 88, 91, 145
Cauda Longa 38
CERN 18, 21
CETIC.br 41
Chrome 9, 24, 145, 149
cloud computing 39
COPE 52
crowdsourcing 43
CSS 3, 4, 22, 28, 69, 91, 120, 148, 149

D

Dados interligados 62

Data Warehouse 133
direção de arte 89, 91
dispositivos 3, 5, 13, 23, 24, 26, 30, 31,
    32, 33, 46, 48, 50, 52, 56, 57, 58,
    64, 66, 69, 82, 83, 100, 103, 107,
    109, 110, 117, 118, 125, 128
DOM 4, 98

E

e-book 110
Eisenstein 104
Electronic Mail 16
e-mail IV
engine 24
EPUB 68, 110, 111, 112
Era da Busca 51
e-readers 109
escalabilidade 133, 134
experiência IX, 3, 6, 11, 13, 20, 27, 30,
    31, 69, 74, 81, 88, 102, 107, 127, 149

F

Firefox, 24
Flash 11, 100, 101, 108
fotocópia IV
front-end 69

G

giroscópio 30
GitHub 29
Google 14, 23, 70, 77, 87, 99, 143-145,
    149

158

grafeno 5, 27
gurus 82
Gutenberg 104, 109, 110, 155

H

hardware 26-28, 105, 118, 149, 150
híbridos 147, 148
hipermídia 16, 18, 125
hipertexto 17, 19, 21, 83-86
HTML 3, 4, 5, 11, 18, 21-24, 28, 55-57,
66, 68, 69, 86, 98, 101, 111, 120,
142, 143, 147-149
HTML5 X, XI, XVIII, 3, 9, 23, 24, 31, 56, 57,
65-69, 87, 88, 98, 99, 101, 108, 110-
112, 142, 143, 145-151, 153, 155, 156
HTTP 18, 21, 86
HyperCard 11

I

ideogramas 84
inclusão digital 26, 27, 124
Inferência 64
Inteligência Coletiva 42
interface 4-6, 11, 20, 26, 28, 69, 76, 86,
91, 97, 104, 106, 126, 147-149, 151
Internet Explorer 22, 24

J

JavaScript 3, 4, 28, 31, 88, 143, 148, 149

L

Leonardo da Vinci 86
lexia 83
léxico 55, 58
Licklider 104
luditas 82

M

McLuhan 106, 107
MEMEX 105, 106

mensagem IV
microdados 69, 70, 142
microformatos 49, 70
MIT 17, 18, 19
mobile 24, 108, 147
Mobile First 129
Mosaic 22, 87, 96
Mozilla 23, 149
multimídia IV, 12, 98, 102, 106, 108, 109
multimidiático 84, 105

N

nativas 108, 147-149
netbooks 24, 109
Netscape 22, 108
NIC.br 19
Nielsen 118

O

offline 11, 145
ontologias 62
open source 7, 8, 9, 10
Open Web I, III, X, XI, XIII, XIV, XVIII,
3-5, 8, 10-12, 15, 25, 28, 71, 76, 87,
91, 96, 99, 100, 108, 110, 139, 141,
142, 145, 148-150
Opera 23, 24, 85, 154

P

padrões 19, 22, 49, 62, 70, 83, 88, 91,
101, 105, 108, 117, 118, 149
paradoxo 41, 152
pictogramas 83, 84
Plataforma Aberta da Web 3

Q

queries 63

R

RDF 61, 63

S

Sabedoria das Multidões 42, 152
Safari 24
Sator Arepo 83, 85, 154
schema 49, 70
semântica IX, XIV, XVIII, 3-5, 28, 35,
    48-50, 52, 56, 58, 60-65, 68, 77, 90,
    96, 107, 108, 133, 137, 142, 151, 154
SEO 49, 77, 142, 151
SGML 21, 56, 60, 61, 63, 66, 70, 74, 77
Significado 54, 57
Significante 54, 57
simbiose 104
síncrona 142
sintaxe 22, 55, 57, 58, 65, 70
smartphones 24, 46, 109, 128
software 7, 9, 14, 27, 29, 31, 105, 108,
    111, 118
SoLoMo 52
Soyuz IX, XI, 88
SPARQL 61, 63
storytelling 107
SVG 87, 88, 91

T

tablet 3, 6, 24, 31, 46, 100, 109, 110, 150
TCP/IP 16, 17
Ted Nelson 17, 86
Tim Berners-Lee XVII, 17, 19, 21, 23,
    61, 86

U

ubiquidade 39

UGC 60, 63
UI 91
UX 76, 91

V

Vannevar Bush 17, 105, 106
vocabulário 57, 61-63, 70

W

W3C VII, IX-XI, XVII-XIX, 12, 15-19,
    22-24, 60, 61, 63, 64, 66, 117-119,
    125-128, 141, 142, 153-156
Wagner 103
WAI 118, 119, 128
WCAG 119, 126, 128
WebGL 88, 91
WebView 147, 148
WHATWG 23
Wikipédia 71-75
World Wide Web 15-19, 21, 22, 61, 87,
    117, 118, 153
World Wide Web Consortium 16, 22,
    117, 118, 153
WYSIWYG 18

X

Xanadu 86
XHTML 21-23, 120
XML 22, 56, 88, 111, 143, 148

Este livro foi impresso nas oficinas gráficas da Editora Vozes Ltda.,
Rua Frei Luís, 100 – Petrópolis, RJ.